人工智能技术应用校企"双元"合作系列教材

高等职业教育计算机类课程
新形态一体化教材

机器学习应用基础

● 主　编　凌明胜
● 副主编　汪文娟　张航海　韦俊丞

中国教育出版传媒集团
高等教育出版社·北京

内容简介

本书是人工智能技术应用校企"双元"合作系列教材之一。

本书遵循初学者对机器学习知识的认知规律,采用由浅入深、循序渐进的讲授方式,详细地介绍了机器学习的基本原理,并采用"原理简述+问题实例+实际代码+运行结果"的模式介绍常用算法。全书共 11 章,内容涵盖模型评估选择、线性回归、过拟合与欠拟合、逻辑回归、k 近邻算法、支持向量机、朴素贝叶斯、决策树、K 均值算法、人工神经网络等。

本书配有微课视频、教学设计、授课用 PPT、案例源代码、习题答案等丰富的数字化学习资源。与本书配套的数字课程"机器学习应用基础"在"智慧职教"平台(www.icve.com.cn)上线,学习者可登录平台在线学习,授课教师可调用本课程构建符合自身教学特色的 SPOC 课程,详见"智慧职教"服务指南。授课教师也可登录"高等教育出版社产品信息检索系统"(xuanshu.hep.com.cn)搜索并下载本书配套教学资源,首次使用本系统的用户,请先进行注册并完成教师资格认证。

本书可作为高等职业院校人工智能技术应用专业的教材,也可作为从事机器学习相关工作的专业技术人员和广大人工智能爱好者的自学参考书。

图书在版编目(C I P)数据

机器学习应用基础 / 凌明胜主编 . -- 北京 : 高等教育出版社,2025.2

ISBN 978-7-04-058183-6

Ⅰ. ①机… Ⅱ. ①凌… Ⅲ. ①机器学习-高等职业教育-教材 Ⅳ. ①TP181

中国版本图书馆 CIP 数据核字(2022)第 027728 号

Jiqi Xuexi Yingyong Jichu

| 策划编辑 | 刘子峰 | 责任编辑 | 吴鸣飞 | 封面设计 | 张雨微 | 版式设计 | 于 婕 |
| 责任绘图 | 邓 超 | 责任校对 | 刘丽娴 | 责任印制 | 刘弘远 | | |

出版发行	高等教育出版社	网 址	http://www.hep.edu.cn
社 址	北京市西城区德外大街 4 号		http://www.hep.com.cn
邮政编码	100120	网上订购	http://www.hepmall.com.cn
印 刷	天津鑫丰华印务有限公司		http://www.hepmall.com
开 本	787 mm×1092 mm 1/16		http://www.hepmall.cn
印 张	13.25		
字 数	280 千字	版 次	2025 年 2 月第 1 版
购书热线	010-58581118	印 次	2025 年 2 月第 1 次印刷
咨询电话	400-810-0598	定 价	40.00 元

"智慧职教" 服务指南

"智慧职教"（www.icve.com.cn）是由高等教育出版社建设和运营的职业教育数字教学资源共建共享平台和在线课程教学服务平台，与教材配套课程相关的部分包括资源库平台、职教云平台和 App 等。用户通过平台注册，登录即可使用该平台。

● 资源库平台：为学习者提供本教材配套课程及资源的浏览服务。

登录"智慧职教"平台，在首页搜索框中搜索"机器学习应用基础"，找到对应作者主持的课程，加入课程参加学习，即可浏览课程资源。

● 职教云平台：帮助任课教师对本教材配套课程进行引用、修改，再发布为个性化课程（SPOC）。

1. 登录职教云平台，在首页单击"新增课程"按钮，根据提示设置要构建的个性化课程的基本信息。

2. 进入课程编辑页面设置教学班级后，在"教学管理"的"教学设计"中"导入"教材配套课程，可根据教学需要进行修改，再发布为个性化课程。

● App：帮助任课教师和学生基于新构建的个性化课程开展线上线下混合式、智能化教与学。

1. 在应用市场搜索"智慧职教 icve" App，下载安装。

2. 登录 App，任课教师指导学生加入个性化课程，并利用 App 提供的各类功能，开展课前、课中、课后的教学互动，构建智慧课堂。

"智慧职教"使用帮助及常见问题解答请访问 help.icve.com.cn。

前 言

当前的人工智能系统主要使用机器学习技术解析外部环境数据，从数据中获取知识和模型参数，从而获得可用于决策或预测的数学模型。机器学习为人工智能系统提供了基础性的核心算法支撑，要想学好人工智能，首先必须牢固掌握机器学习的基础理论与应用技术。机器学习通过计算手段，从经验数据等先验信息中获得一个具有较好泛化性能的数学模型，并使用该模型完成预测、分类和聚类等任务，使得机器能够像人类一样具有从外部环境中自动获取知识的能力。

本书是人工智能技术应用校企"双元"合作系列教材之一。全书遵循人工智能领域初学者对机器学习知识的认知规律，采用由浅入深、循序渐进的讲授方式，详细地介绍机器学习的基本原理，并采用"原理简述+问题实例+实际代码+运行结果"的模式介绍常用算法。全书共11章，内容涵盖模型评估选择、线性回归、过拟合与欠拟合、逻辑回归、k近邻算法、支持向量机、朴素贝叶斯、决策树、K均值算法、人工神经网络等。

作为一本入门教程，为了使读者通过本书对机器学习有所了解，本书没有从理论的角度来揭示机器学习算法背后的数学原理，也没有纳入半监督学习、多示例学习、流形学习、迁移学习、度量学习、元学习、分布式学习等相对专业的机器学习前沿内容，感兴趣的读者可以查阅相关专著、学术论文或技术报告。

本书以培养高素质的人工智能技术应用人才为目标，从职业技能需求出发，突出职业教育"教中学、学中做"特色。通过将机器学习所涉及的理论知识与典型应用案例相结合，在强调信息意识、计算思维在人工智能学习中重要性的同时，着力培养学生的实践能力与创新理念，贯彻落实科教兴国、人才强国战略要求，积极推进党的二十大精神进教材、进课堂、进头脑。

本书配有微课视频、教学设计、授课用PPT、案例源代码、习题答案等丰富的数字化学习资源。与本书配套的数字课程"机器学习应用基础"在"智慧职教"平台

（www.icve.com.cn）上线，学习者可登录平台在线学习，授课教师可调用本课程构建符合自身教学特色的 SPOC 课程，详见"智慧职教"服务指南。授课教师也可登录"高等教育出版社产品信息检索系统"（xuanshu.hep.com.cn）搜索并下载本书配套教学资源，首次使用本系统的用户，请先进行注册并完成教师资格认证。

本书由凌明胜任主编，汪文娟、张航海、韦俊丞任副主编，邹晓华、马坤参与编写。在本书的编写过程中，得到了编者家人、单位同事以及相关合作企业的大力支持，在此表示衷心的感谢。

由于编者水平有限，书中不妥之处在所难免，恳请广大读者批评指正。

编　　者

2025 年 1 月

目 录

第 1 章　机器学习概述

1.1　机器学习简介

PPT：1.1
机器学习简介

1.1.1　机器学习入门案例

小明去超市买苹果，他希望自己能够了解什么样的苹果比较甜。第一次，他买了 5 个苹果，通过观察苹果外表，发现其中 2 个颜色鲜红的苹果比较甜，3 个颜色暗淡的苹果不甜。于是小明学到了一个新知识："颜色鲜红的苹果比较甜！"

小明通过眼睛观察苹果，机器则是通过输入的数据识别事物。让机器模拟小明的这段学习经验，从使用数据描述每个苹果（样本）的信息开始：小明购买的 5 个苹果（5 个样本），按颜色是否鲜红（特征）提取数值，可以描述为：

$$X = \begin{pmatrix} 1 \\ 0 \\ 1 \\ 0 \\ 0 \end{pmatrix}$$

这里的数据行表示不同苹果，也就是不同**样本**，数据列表示每个样本的"颜色是否鲜红"这一**特征值**，其中编码信息：1 代表鲜红，0 代表不鲜红，所有样本的同一特征取值构成**特征向量**。得到的苹果是否甜的结果为

笔记

$$y = \begin{pmatrix} 1 \\ 0 \\ 1 \\ 0 \\ 0 \end{pmatrix}$$

其中，苹果类别编码为：1 代表甜苹果，0 代表不甜的苹果。y 称为 X 的标签向量，而 5 个苹果样本数据 X 称为**训练集**（Training Set）。机器从训练集学习到知识类别的知识，这一过程称为**模型**（Model）训练，即

机器学到的知识＝训练好的模型

为了检验其学到的识别苹果的方法，小明又买了 5 个苹果做实验，结果发现误判了 2 个苹果，于是小明得出结论：之前总结的知识识别苹果的准确率只有 60%。

对于学习的模型，人们自然希望它在未知样本数据上应用时准确率越高越好。为了验证学习的模型这种应用能力，可以拿一部分和训练集样本不同的新样本（第 2 次购买的 5 个苹果）让模型预测。用于检验知识的第 2 次购买的 5 个苹果集合称为**测试集**（Testing Set）。

小明通过测试发现，仅仅通过"颜色是否鲜红"判断苹果甜不甜是不可靠的，于是他试着从更多的角度（不同特征）去判断。例如，苹果的大小、产地和品种等。有的特征对判断有用，有的用处不大。慢慢地，小明学会了同时权衡这些特征，去判断一个苹果甜不甜。

从机器学习的角度来看，单个特征过于简单，所以需要提取更多的特征。人们要做的是通过某种方式将这些特征组合起来，让它们一起发挥作用。机器学习中组合特征的方式有如下两类：

（1）非参数化（如后续介绍的 k 近邻算法）

（2）参数化

非参数的模型数量较少，这里重点介绍参数化模型。采用参数化的方式组合特征实质就是通过模型训练，为每个特征找到对应的参数 θ。抽象来看，在大多数情况下，机器学习算法是要确定一个映射函数 f 以及函数的参数 θ，建立如下映射关系：

$$y = f(x; \theta)$$

其中，x 为函数的输入值，一般为一个向量（特征向量），y 为函数的输出。这里的函数 f 对应的就是前面所说的模型，不同的参数对应不同的函数 f，机器学习的本质是模型的选择以及模型参数的选定。那么，机器是如何判断哪个 f 最好呢？想想小时候上幼儿园，表现好的时候老师会奖励一朵小红花，表现不好的时候老师会略微地惩罚一下（假设这个惩罚的方式称为**损失函数**，后续会具体介绍）。机器学习训练模型的过程与此类似：将辨识样本是否正确作为修正信号，当机器正确识别时，对应的特征权重加分；当机器错误识别时，对应的特征权重减分。通过多次试验，最终找到合适的权重（参数），按一定方式组合起来，即可得到可靠的模型。

微课 1-1
机器学习的
定义

综上所述，小明判断苹果甜不甜的过程可以分为 3 个步骤：学习知识、修正知识、应用，机器学习的流程与之相同。

1.1.2　机器学习的定义

通过小明判断苹果甜不甜的例子，读者已经对机器学习有了一个形象的理解。下面来讲解机器学习的定义。

机器学习（Machine Learning，ML）是指从有限的观测数据中学习（或"猜测"）出具有一般性的规律，并利用这些规律对未知数据进行预测的方法。机器学习是人工智能的一个重要分支，并逐渐成为推动人工智能发展的关键因素。传统的机器学习主要关注于如何学习一个预测模型，一般需要首先将数据表示为一组特征（Feature），特征的表示形式可以是连续的数值、离散的符号或其他形式，然后将这些特征输入预测模型并输出预测结果。

当使用机器学习来解决实际任务时，会面对多种多样的数据形式，例如声音、图像、文本等不同数据的特征构造方式差异很大。对于图像这类数据，可以很自然地将其表示为一个连续的向量。将图像数据表示为向量的方法有很多种，例如直接将一幅图像的所有像素值（灰度值或 RGB 值）组成一个连续向量；而对于文本数据，因为其一般由离散符号组成，并且每个符号在计算机内部均表示为无意义的编码，所以通常很难找到合适的表示方式。因此，在实际任务中使用机器学习模型的数据处理流程如图 1-1 所示。

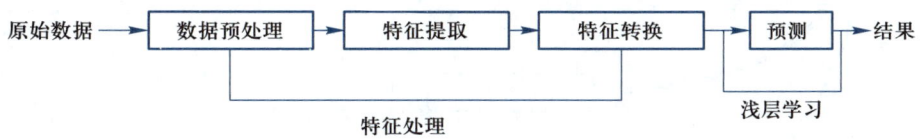

图 1-1　使用机器学习模型的数据处理流程

笔 记

1）数据预处理：对数据进行预处理，如去除噪声等，又如在文本分类中去除停用词等。

2）特征提取：从原始数据中提取一些有效的特征。例如在图像分类中，提取边缘、尺度不变特征变换（Scale Invariant Feature Transform，SIFT）特征等。

3）特征转换：对特征进行一定的加工，如降维和升维。很多特征转换方法也是机器学习方法。降维包括特征抽取（Feature Extraction）和特征选择（Feature Selection）两种途径。常用的特征转换方法有主成分分析（Principal Components Analysis，PCA）、线性判别分析（Linear Discriminant Analysis，LDA）等。

4）预测：机器学习的核心部分，学习一个函数进行预测。

在上述流程中，每步中的特征处理以及预测一般都是分开进行处理的。传统的机器学习模型主要关注于最后一步，即构建预测函数。但是在实际操作过程中，不同预测模型的性能相差不多，而前三步中的特征处理对最终系统的准确性具有十分关键的作用。

特征处理一般都需要人工干预完成,利用人类的经验来选取好的特征,并最终提高机器学习系统的性能。因此,很多的机器学习问题变成了特征工程(Feature Engineering)问题。开发一个机器学习系统的主要工作量都消耗在了数据预处理、特征提取以及特征转换上。

1.2   机器学习的分类

按照样本数据的特点以及求解手段,机器学习包含不同的分类标准,本书按学习方式划分为有监督学习、无监督学习和强化学习进行讲解,如图1-2所示。

PPT:1.2
机器学习的
分类

微课 **1-2**
机器学习的
分类

 笔 记

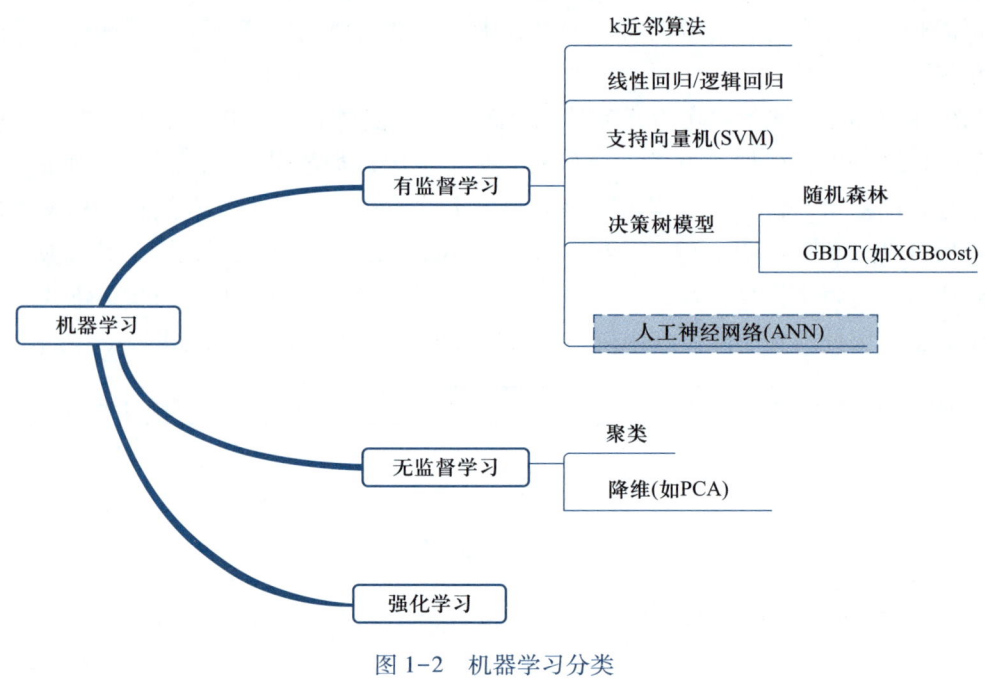

图1-2   机器学习分类

1.2.1   有监督学习

有监督学习算法接受已知的输入数据集(包含预测变量)和对该数据集的已知响应(输出,响应变量),然后训练模型,使模型能够对新输入数据的响应做出合理的预测。如果尝试去预测已知数据的输出,则可使用有监督学习。之所以称为"有监督学习",是因为从训练数据集中学习算法的过程可以被视为老师在教他的学生。该算法根据训练数据不断预测结果,并由教师不断进行校正,学习将继续进行,直到算法达到可接受的性能水平。

有监督学习采用分类和回归技术开发预测模型。

（1）分类技术

分类技术可预测离散的响应。例如，电子邮件是否为垃圾邮件，肿瘤是恶性的还是良性的。分类模型可将输入数据划分成不同类别。典型的应用包括医学成像、语音识别和信用评估。

如果数据能进行标记、分类或分为特定的组或类，则使用分类。例如，笔迹识别的应用程序使用分类来识别字母和数字。在图像处理和计算机视觉中，有监督模式识别技术用于对象检测和图像分割。

用于实现分类的常用算法包括支持向量机（SVM）、决策树、k近邻、朴素贝叶斯（Naive Bayes）、判别分析、逻辑回归和神经网络。

（2）回归技术

回归技术可预测连续的响应。例如，温度的变化或电力需求中的波动。典型的应用包括电力系统负荷预测和算法交易。

如果处理一个数据范围，或响应性质是一个实数（如温度，或一件设备发生故障前的运行时间），则可使用回归方法。

假设临床医生希望预测某位患者在一年内是否会心脏病发作。医生有以前就医患者的相关数据，包括年龄、体重、身高和血压等，知道以前的患者在一年内是否出现过心脏病发作。问题关键在于如何将现有数据合并到模型中，让该模型能够预测新患者在一年内是否会出现心脏病发作。

常用回归算法包括线性模型、非线性模型、规则化、逐步回归、决策树、神经网络和自适应神经模糊学习。

1.2.2　无监督学习

🖋 笔 记

无监督学习可发现数据中隐藏的模式或内在结构。这种技术可根据未做标记的输入数据集得到推论。之所以被称为无监督学习，是因为与有监督学习不同，没有老师。依靠算法自己去发现并返回数据中内在的结构。

聚类是一种最常用的无监督学习技术。这种技术可通过探索性数据分析，从而发现数据中隐藏的模式或分组。聚类的应用包括基因序列分析、市场调查和对象识别。

例如，如果移动电话公司想优化其手机信号塔的建立位置，则可以使用机器学习来估算依赖这些信号塔的人群数量。一部电话一次只能与一个信号塔进行通信，所以该团队使用聚类算法设计蜂窝塔的最佳布局，从而优化他们的客户群组或集群的信号接收。

用于执行聚类的常用算法包括：K均值、层次聚类、高斯混合模型、隐马尔可夫模型、自组织映射、模糊K均值聚类法和减法聚类。

无监督学习的目的是为数据中的基础结构或分布建模，以便更多地了解数据。

1.2.3　强化学习

　　强化学习从动物学习、参数扰动自适应控制等理论发展而来。它把学习过程看作为一个试探性评价过程，强化学习主要包含五个元素，智能体（Agent）、环境（Environment）、状态（State）、行动（Action）和奖励（Reward），强化学习的目标就是获得最多的累计奖励。强化学习模式如图 1-3 所示。

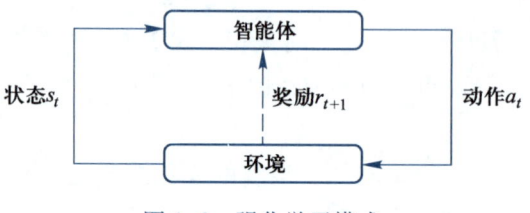

图 1-3　强化学习模式

　　图 1-3 解释了智能体和环境之间的相互作用。在某个时间步 t，智能体处于状态 s_t，采取动作 a_t，然后环境会返回一个新的状态 s_{t+1} 和一个奖励 r_{t+1}。奖励处于 $t+1$ 时间步是因为它是由环境在 $t+1$ 的状态 s_{t+1} 返回的，因此让它们两个保持一致更加合理。

　　强化学习算法全都与环境和学习代理之间的交互有关。机器先选择一个初始动作作用于环境，环境接收到该动作后状态发生变化，同时产生一个强化信号（奖励或惩罚）反馈给机器，机器再根据强化信号和环境当前状态选择下一个动作，选择的原则是使受到正强化（奖励）的概率增大。通俗来讲，就是让机器不断地进行尝试和探测，采取一种趋利避害的策略，通过不断试错和调整，最终机器将发现哪种行为能产生最大回报，从而学习出自己的一套较为理想的处理问题模式，当以后再面临类似的问题时，它就可以很自然地采用一种最佳模式去处理和应对。

　　下面来看一个类似的著名案例：巴甫洛夫（Pavlov）如何通过强化训练来训练他的狗。巴甫洛夫将训练狗分为 3 个阶段。

　　阶段 1：将食物给狗，狗开始流口水。

　　阶段 2：用铃铛发出声音，但狗没有任何反应。

　　阶段 3：尝试用铃铛训练狗，然后给它们食物，看到食物后狗开始流口水。

　　最终，狗听到铃声就开始流口水，即使没有提供食物。这是因为对狗的训练得到了加强，只要主人铃响了，狗就会以为有食物。强化学习是一个持续的过程，无论是刺激还是反馈。

1.2.4　机器学习算法选择

　　选择正确的算法看似难以驾驭，需要从几十种有监督和无监督机器学习算法中选择，每种算法又包含不同的学习方法，没有最佳方法或万全之策。

　　找到正确的算法只是试错过程的一部分，即使是经验丰富的数据科学家，也无法说出某种算法是否无须试错即可使用。但算法的选择还取决于要处理的数据的大小和类型，要从数据中获得的洞察力以及如何运用这些洞察力。

下面是选择监督式或者无监督机器学习的一些准则。

1）在以下情况下选择监督式学习：需要训练模型进行预测（如温度和股价等连续变量的值）或者分类（如根据网络摄像头的录像片段确定汽车的技术细节）。

2）在以下情况下选择无监督学习：需要深入了解数据并希望训练模型找到好的内部表示形式，如将数据拆分到集群中。

1.3　机器学习三要素

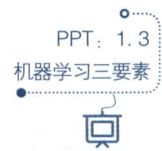

PPT：1.3
机器学习三要素

1.3.1　模型

模型（Model）就是用来描述客观世界的数学模型，模型是从数据里抽象出来的。在进行数据分析时，通常手上只有数据，然后根据数据寻找规律，找到的规律就是模型。如同小时候玩猜数字游戏，1，4，16，（），256，…，括号里是什么数字？只有把这串数抽象成模型，我们才能知道括号里是什么数字。

微课 1-3
机器学习
三要素

模型可以是确定性的，也可以是随机的，总之用数学可以描述，只要能通过数学可以描述的，就可以进行预测分析，所以根本目的就是找一个模型去描述已经观测到的数据。

1.3.2　策略

笔记

模型不是拍脑袋想出来的，需要有一系列的标准去选择合适的模型。例如，使用一个正态分布去描述一组数据，在构造正态分布之前，我们需要回答：为什么用正态分布而不用其他分布，如二项分布？如果采用正态分布，正态分布的均值和方差设定为多少合适？这都需要有一系列的标准来证明一个模型比另一个模型好，这就是策略（Strategy）。不同的策略，对应不同的模型的比较标准和选择标准。所以最终确定的模型是什么，实际上就跟如下两方面的内容有关。

1）我们拿到的数据是什么？

2）我们选择模型的策略是什么？

说到策略，一般会将经验风险最小化作为常用的标准。经验风险最小化是指，使用这个模型并应用到已有的观测数据上，基本上是可靠的。这也是大多数情况下在机器学习时有意或无意用到的准则。经验风险最小化是一个参数优化的过程，需要构造一个损失函数来描述经验风险，损失函数可以理解为预测一个数据错误所带来的代价。每个人对损失函数的定义都不同，所以优化出来的结果也不同，这也导致最终学习到的模型会各种各样，解决一个问题的方案有多种。

1.3.3　算法

有了数据和学习模型的策略，就要开始构造模型了，如果已经有了模型的基本形式，就成了一个优化模型参数的问题。优化过程往往很复杂，面对复杂的数学优化问题，通常难以通过简单的求导获得最终的结果，所以就要构造一系列的算法（Algorithm）。

我们的目标是让算法尽量高效，即更少的计算机内存代价、更快的运算速度、更有效的参数优化结果。

1.4　机器学习典型应用

PPT：1.4 机器学习典型应用

机器学习应用领域非常广泛，从机器视觉到自然语言处理、语音识别、数据挖掘等。人们的日常生活离不开机器学习，如停车场出入口的车牌识别、语音输入法、人脸识别、电商网站的商品推荐、新闻推荐等。以下列举一些机器学习典型的应用。

1.4.1　人脸识别

人脸识别系统的研究始于 20 世纪 60 年代，80 年代后随着计算机技术和光学成像技术的发展得到提高，而真正进入初级的应用阶段则在 90 年代后期。人脸识别系统成功的关键在于是否拥有尖端的核心算法，并使识别结果具有实用化的识别率和识别速度。"人脸识别系统"集成了人工智能、机器识别、机器学习、模型理论、专家系统、视频图像处理等多种专业技术，同时需结合中间值处理的理论与实现，是生物特征识别的最新应用之一，其核心技术的实现，展现了弱人工智能向强人工智能的转变。

人脸识别的目标是找出图像中所有的人脸，确定其大小和位置，算法的输出是人脸外接矩形的坐标和大小，可能还包括姿态（如倾斜角度等信息）。

一般而言，一个完整的人脸识别系统包含 4 个主要组成部分，即人脸检测、人脸配准、人脸特征提取以及人脸识别。

1）人脸检测。在图像中找到人脸的位置。

2）人脸配准。在人脸上找到眼睛、鼻子、嘴巴等面部器官的位置。

3）人脸特征提取。通过人脸特征提取将人脸图像信息抽象为字符串信息。

4）人脸识别。将目标人脸图像与既有人脸进行比对并计算相似度，确认人脸对应的身份。

人脸检测是机器视觉领域被深入研究的经典问题，在安防、人机交互、社交等领域有着重要的应用价值。

1.4.2　语音识别

语音识别技术就是让智能设备听懂人类的语音。它是一门涉及数字信号处理、人工智能、语言学、数理统计学、声学、情感学及心理学等多学科交叉的科学。这项技术可以提供如自动客服、自动语音翻译、命令控制、语音验证码等多项应用。近年来，随着人工智能的兴起，语音识别技术在理论和应用方面都取得重大突破，开始从实验室走向市场，已逐渐走进我们的日常生活。现在语音识别已广泛应用，主要包括语音识别听写器、语音寻呼和答疑平台、自主广告平台、智能客服等。

语音识别的本质是一种基于语音特征参数的模式识别，即通过学习，系统能够把输入的语音按一定模式进行分类，进而依据判定准则找出最佳匹配结果。通俗来讲，就是让机器理解人说话的声音信号，将其转换为文字，主要包括特征提取技术、模式匹配准则及模型训练技术三个方面。

语音识别主要存在以下五方面的问题。

1）对自然语言的识别和理解。首先必须将连续的讲话分解为词、音素等单位，其次要建立一个理解语义的规则。

2）语音信息量大。语音模式不仅对不同的说话人不同，对同一说话人也是不同的。例如，一个说话人在随意说话和认真说话时的语音信息是不同的。一个人的说话方式随时间发生变化。

3）语音的模糊性。说话者在讲话时，不同的词可能听起来是相似的。这在汉语和英语中比较常见。

4）单个字母或字、词的语音特性受上下文的影响，以致改变了重音、音调、音量和发音速度等。

5）环境噪声和干扰对语音识别会产生严重的影响，致使识别率变低。

笔记

1.4.3　自动驾驶

自动驾驶，又称无人驾驶、计算机驾驶或轮式移动机器人，是依靠计算机与人工智能技术在没有人为操纵的情况下，完成完整、安全、有效驾驶的一项前沿科技。

实现车辆的自动驾驶需解决以下几个核心问题。

1）定位。确定车辆当前所处位置，这可以通过 GPS、雷达、图像分析等多种手段结合高精度数字地图实现，目前已得到很好的解决方案。

2）环境感知。环境感知指确定道路、车道线、路面上的物体，需要准确的检测道路、车道线、行人、车辆等障碍物，还需要识别交通标志、信号灯等重要信息，给出车辆所处的环境。对环境的感知可以通过激光雷达、声波、图像等多种数字采集手段配合机器学习算法实现。

3）路径规划。路径规划是指给定车辆的当前位置和目的地，计算出到达目的地的一条可行路径，在行驶期间可能还要根据路况信息做出调整。

　　4）决策与控制。根据车道占用情况、路况等环境信息确定要执行的动作，得到车辆在每个时刻的行驶速度、方向等参数。由于无法穷举所有路况用规则来实现，因此，可以通过机器学习的手段训练出一个模型，以当前路况作为输入，输出当前时刻要执行的动作，即根据环境情况对车辆的运动进行控制，其属于强化学习的范畴。

1.5　scikit-learn 简介

　　scikit-learn（简称 sklearn）是基于 Python 语言的机器学习工具。自 2007 年发布以来，已成为最受欢迎的机器学习类库之一。scikit-learn 建立在 NumPy、SciPy、Pandas 和 Matplotlib 之上，里面的 API 设计非常好，所有对象的接口简单，很适合新手上路。

　　scikit-learn 中有六大任务模块，分别是分类、回归、聚类、降维、模型选择和预处理，如图 1-4 所示。

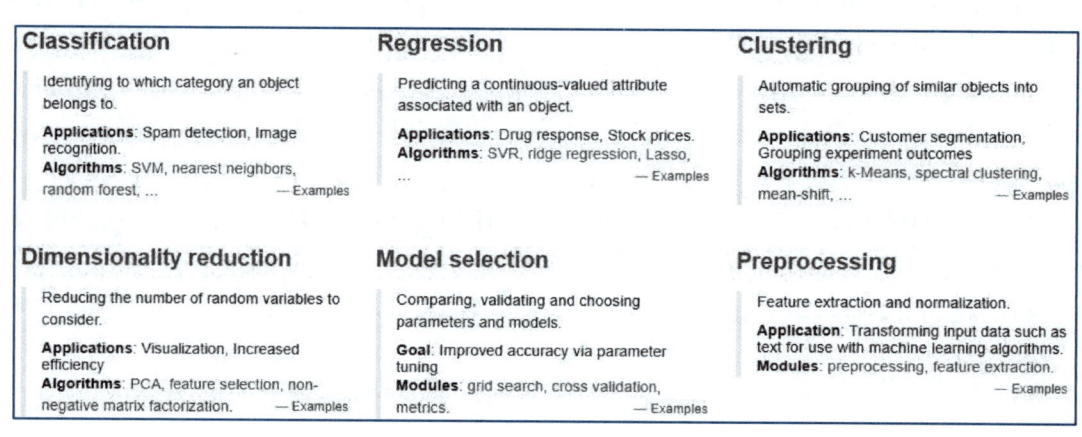

图 1-4　scikit-learn 的六大任务模块

1.6　本章小结

　　本章首先通过买苹果这一简单案例形象地介绍了机器学习的相关概念。之后对机器学习常见分类进行了介绍。从数学角度来看，机器学习其实就是模型+策略+算法。模型是对实际问题进行建模，将其转化为一个可以用数学来量化表达的问题。策略实际是定义描述预测值与理论值之间差距的损失函数，最终将问题转换为使损失函数最小化。算法则是求解最小化的过程。

习题

文本：参考答案

1. 机器学习分哪几类？它们之间有什么区别？
2. 机器学习三要素是什么？
3. 讨论以下活动是否为机器学习的研究对象。

1）按照年龄来划分客户。

2）计算公司的总销售额。

3）预测投掷一枚正常硬币的结果。

4）根据某股票的历史信息预测将来股票价格。

5）预测北冰洋的冰何时融化。

6）根据学生的答题历史预测学生是否能答对下一题。

7）检测是否信用卡欺诈。

8）让计算机阅读法律条文并解答法律问题。

第 2 章 模型评估选择

笔 记

首先通过一个案例引入本章内容：在测验前，老师给同学们讲解了 10 道不同风格的训练题。张三基本上是只记忆每道题的细节和解题步骤；李四心不在焉，老师讲的时候他一直在分心；王五学习时举一反三，主要学习老师讲的解题思路和方法。讲完题后，老师开始发卷子测验，里面有 10 道测验题。测验结果发现，将训练题稍微变动一点，张三就做不好；李四学习能力弱，训练题都学不好，测验题一样也做不好；王五学到了训练题里的普遍规律，发现所有题都是万变不离其宗的，测试题也做得很好。

人类学习如此，机器学习也是如此。对人类来说，所有训练题都做正确不算什么，重要的是每次测验题都能拿高分；对机器来说，机器学习需要根据问题特点和已有数据确定具有最强解释性或预测力的模型，其过程也可以划分为类似于"学习—练习—考试"这样的三个阶段，每个阶段的目标和使用的资源可以归纳如下。

1）模型拟合（Model Fitting）：利用训练集（Training Set）对模型的普通参数进行拟合。

2）模型选择（Model Selection）：利用验证集（Validation Set）对模型的超参数进行调整，筛选出性能最好的模型。

3）模型评估（Model Assessment）：利用测试集（Test Set）来估计筛选出的模型在未知数据上的真实性能。

2.1 模型的设计原则

PPT：2.1
模型的设计
原则

设计一个模型，首先要确定模型的形式，或者说到底要拟合哪些参数。模型拟合本身只是简单的数学问题，交给计算机即可，可模型设计却需要更多的思考：一方面，模型的合理性很大程度上取决于待解决问题本身的特征；另一方面，模型的复杂度也要和问题的复杂度相匹配。在机器学习中，对这两个基本准则的理解催生了本节的两个基本定理。

2.1.1　没有免费午餐定理

没有免费午餐定理（No Free Lunch Theorem，NFL）是由 Wolpert 和 Macerday 在最优化理论中提出的。没有免费午餐定理证明：对于基于迭代的最优化算法，不存在某种算法对所有问题（有限的搜索空间内）都有效。如果一个算法对某些问题有效，那么它一定在另外一些问题上比纯随机搜索算法更差。也就是说，不能脱离具体问题来谈论算法的优劣，任何算法都有局限性，必须要"具体问题具体分析"。

这种朴素的道理在机器学习中同样适用。通俗地说，没有免费午餐定理证明了任何模型在所有问题上的性能都是相同的，其总误差和模型本身是没有关系的。

既然大家谁都不比谁好，那么关于机器学习算法和模型不计其数的研究又有什么意义呢？其实这种想法误解了 NFL 定理的一个核心前提，也就是每种问题出现的概率是均等的，**每个模型用于解决所有问题时，其平均意义上的性能是一样的**。所有模型在等概率出现的问题上都有同样的性能，这件事可以从如下两个角度来理解。

1）从模型的角度来看，如果单独拿出一个特定的模型来进行观察，该模型必然会在解决某些问题时误差较小，而在解决另一些问题时误差较大。

2）从问题的角度来看，如果单独拿出一个特定的问题来进行观察，必然会有某些模型在解决这些问题时具有较高的精度，而另一些模型的精度就没那么理想了。

如果把不同模型看成一个班级里的不同学生，不同问题看成考试时的不同科目，NFL定理说的就是在这个班里，所有学生期末考试的总成绩都是一样的，既然总成绩一样，每科的平均分自然也是一样的。这一方面说明了每个学生都有偏科，数学好的语文差，语文好的数学差，如果数学语文都好，那么英语肯定更差；另一方面也说明了每个科目的试题都有明显的区分度，数学有高分也有低分，语文有高分也有低分，不会出现哪一科大家都是高分或者都是低分的情形。

NFL 定理最重要的指导意义在于先验知识的使用，也就是具体问题具体分析。机器学习的目标不是放之四海而皆准的通用模型，而是关于特定问题有针对性的解决方案。因此在模型的学习过程中，一定要关注问题本身的特点，也就是关于问题的先验知识。这就像学习数学有其自身的学习方法，这套方法用来学习语文未必会有良好的效果，但它只要能够解决数学的问题就已经很有价值了。脱离问题的实际情况谈论模型优劣是没有意义的，只有让模型的特点和问题的特征相匹配，模型才能发挥最大的作用。

2.1.2　奥卡姆剃刀原理

奥卡姆剃刀（Occam's Razor）原理是由 14 世纪逻辑学家 William of Occam 提出的一个解决问题的法则："如无必要，勿增实体"。奥卡姆剃刀的思想和机器学习上正则化思想十分类似：简单的模型泛化能力更好。如果有两个性能相近的模型，我们应该选择更

笔 记

简单的模型。因此，在机器学习的学习准则上，经常会引入参数正则化来限制模型能力，避免过拟合。

从本质上说，奥卡姆剃刀的关注点是模型复杂度。机器学习学到的模型应该能够识别出数据背后的模式，也就是数据特征和数据类别之间的关系。当模型本身过于复杂时，特征和类别之间的关系中所有的细枝末节都被捕捉，主要的趋势反而没有得到应有的重视，这就会导致过拟合（overfitting）的发生。反过来，如果模型过于简单，它不仅没有能力捕捉细微的相关性，甚至连主要趋势本身都没办法抓住，这样的现象就是欠拟合（underfitting）。

过拟合也好，欠拟合也罢，都是想避免却又无法避免的问题。在来自真实世界的数据中，特征与类别之间鲜有"丁是丁，卯是卯"的明确关系，存在的只是在诸多特征织成的罗网背后若即若离、若隐若现的相关性。使用较为简单的模型来模拟复杂的数据生成机制，欠拟合的发生其实是不可避免的。可欠拟合本身还不是更糟糕的，更糟糕的是模型虽然没有找到真正的相关性，却自己"脑补"出一组关系，并把自己的错误的想象当作真实情况加以推广和应用，得到和事实大相径庭的结果——其实就是过拟合。

2.1.3　训练误差与泛化误差

在机器学习中，误差被定义为学习器的实际预测输出与样本真实输出之间的差异。把模型在训练集上的误差称为"训练误差"；把模型在任一测试数据样本上的误差的期望称为"泛化误差"，并常常通过测试数据集上的误差来近似。

以测验为例来直观解释训练误差和泛化误差这两个概念。训练误差可以被认为是做训练题时的错误率，泛化误差则可以通过参加测验时的答题错误率来近似。假设训练题和测试题都随机采样于一个未知的、依照相同知识点的题库，如果让一个没有学习过这些知识点的学生去答题，那么其在训练题和测试题上的错误率可能很相近，如前面所说的李四，但如果换成一个反复练习训练题的学生，即使在训练题每次百分百都做正确，也不代表测验的成绩也是如此，就如我们前面介绍的张三。

在机器学习里，通常假设训练数据集（训练题）和测试数据集（测试题）里的每个样本都是从同一个概率分布中相互独立地生成的。基于该独立同分布假设，给定任意一个机器学习模型（含参数），它的训练误差的期望和泛化误差都是相同的。例如，如果将模型参数设成随机值，那么训练误差和泛化误差会非常相近。模型的参数是通过在训练数据集上训练模型而学习得出的，参数的选择依据了最小化训练误差。所以，训练误差的期望小于或等于泛化误差。也就是说，在一般情况下，由训练数据集学到的模型参数会使模型在训练数据集上的表现优于或等于在测试数据集上的表现。由于无法从训练误差估计泛化误差，一味地降低训练误差并不意味着泛化误差一定会降低。

机器学习模型应关注降低泛化误差。

2.1.4 偏差与方差

模型误差可以分解为偏差（Biase）、方差（Variance）和噪声（Noise）之和。噪声来源于数据自身的不确定性，体现的是待学习问题本身的难度，并不能通过模型的训练加以改善。除了噪声之外，偏差和方差都与模型本身有关，两者对误差的影响可以用误差的偏差——方差分解（Bias-Variance Decomposition）来表示。

1）偏差：模型预测值的期望和真实结果之间的区别，如果偏差为 0，模型给出的估计就是无偏估计。但这个概念是统计意义上的概念，它并不意味着每个预测值都与真实值吻合。

2）方差：模型预测值的方差，也就是预测值本身的波动程度，方差越小意味着模型越有效。

可以通过射击的例子来更好地理解偏差和方差。射击的结果无外乎以下四种情况，如图 2-1 所示。

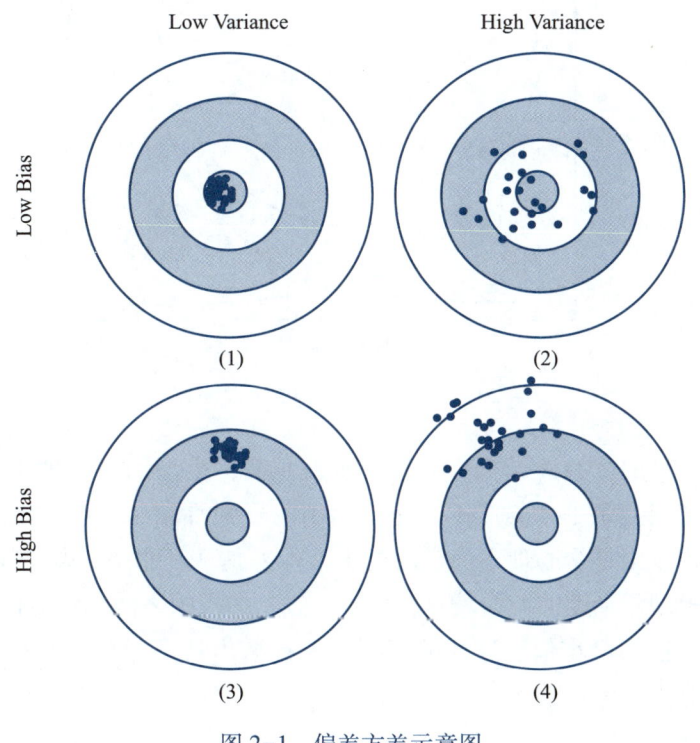

图 2-1　偏差方差示意图

笔 记

图 2-1 中，**靶心**就是我们的真实值，也就是我们完美预测的模型。**离靶心的距离**反映了偏差的大小，离靶心越近，偏差越小；离靶心越远，偏差越大。**点的聚集程度**反映了方差的大小，点越分散，方差越大，点越聚拢，方差越小。偏差体现了射击的准确性，方差则体现稳定性。

笔记

1）靶 1 子弹均命中靶心，说明偏差和方差都很小，准确性和稳定性都很好，这是我们的理想情况。

2）靶 2 子弹比较分散，但是有些很准，中了靶心，说明偏差小，方差大，准确度可以，但稳定性不够。

3）靶 3 子弹集中在某个区域，但是都偏离了靶心，偏差大，方差小，说明射击很稳定，但是不够准，准确性差。

4）靶 4 子弹比较分散且离靶心距离都很远，说明偏差和方差都很大，射击的稳定性和准确性都不够。

根据上面的理解，就不难得到结论：理想的模型应该是低偏差低方差的双低模型，就像一个神枪手每次都能将子弹射进代表 10 环的靶心；应该避免的模型则是高偏差高方差的双高模型，这样的射手能射得靶上到处是窟窿，却没有一个哪怕落在最外层的圆圈里。更加实际的情形是偏差和方差既不会同时较低，也不会同时较高，而是在跷跷板的两端此起彼伏，一个升高另一个就降低，如图 2-2 所示。

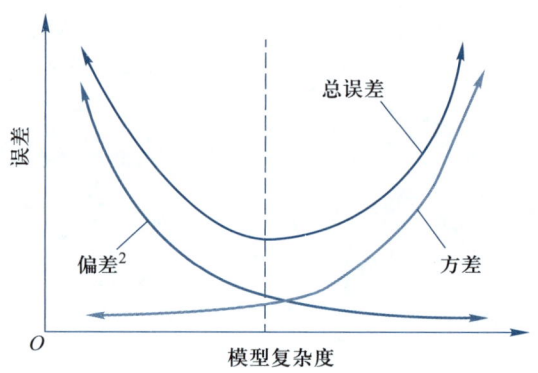

图 2-2 模型复杂度与误差关系图

一般来说，模型的复杂度越低，其偏差也就越高；模型的复杂度越高，其方差也就越高。比较简单的模型像是个斜眼的箭手，射出的子弹都在远离靶心的 7 环的某一点附近；比较复杂的模型则是个心理不稳定的射手，本来是 9 环水平，却一下射出 10 环，一下射出 8 环。对模型复杂度的调整就是在偏差—方差的折中之间找到最优解，使得两者之和所表示的总误差达到最小值。这样的模型既能提取出特征和分类结果之间的关系，又不至于放大噪声和干扰的影响。

2.2 模型验证

PPT：2.2
模型验证

模型本身及其背后学习方法的泛化性能（generalization performance），也就是模型对未知数据的预测能力，是机器学习的核心问题。但在一个问题的学习中，往往会出现不

同的模型在训练集上具有类似的性能，这时就需要利用模型验证来从这些备选中做出选择。

微课 2-2
模型验证

模型验证是模型原型设计的最后完善。一旦完成了模型验证，模型就不能再进行调整了。这就像对陶土模型做出最后的修饰定型，至于入窑烧制的效果如何就完全听天由命，出来的成品品相不佳就只能狠心摔碎。同理，即使验证之后的模型在测试集上的表现再差，也只能打掉牙往肚子里咽。若非要调整不可，就只能重起炉灶了。

2.2.1 训练集、验证集和测试集

训练集是用来训练模型内参数的数据集，验证集用来选择模型，测试集用来评价模型在未知样本上的表现，即泛化能力。形象来说，训练集就像是学生的课本，学生根据课本里的内容来掌握知识，验证集就像是作业，通过作业可以知道不同学生学习情况、进步的速度快慢，而最终的测试集就像是考试，考的题是平常都没有见过试题，考查学生举一反三（泛化）的能力。

模型在验证集上的性能是模型选择和评估的依据。无论使用何种重采样策略，验证集都需要满足一个基本要求，即不能和训练集有交集。模型本身就是在训练集上拟合出来的，如果再使用相同的数据去验证的话，这种既当运动员又当裁判员的做法就缺乏说服力了。所以在划分时，最基本的原则就是确保训练集、验证集和测试集三者两两互不相交。

除了互不相交之外，另一个需要注意的问题是训练、验证、测试集中样例分布的一致性，避免在数据集之间出现不平衡。如果训练集和验证集中的样本分布相差较大，这种分布差异将不可避免地给性能的估计带来偏差，从而对模型的选择造成影响。作为老师都知道，一次考试中的学生成绩应该是近似满足正态分布的，所以在评估教学效果时，学生样本的构成就至关重要。如果选择的都是成绩较好的学生，那他们在自习室自学的效果可能比上课更好；如果选择的都是成绩较差的学生，那即使老师再掰开揉碎地讲解也可能效果不佳。这两种情况的共同特点就是都不能真实反映教学质量。只有当学生样本的构成也是两头尖、中间宽的纺锤形时，评估的结果才能忠实于实际情况，具有参考价值。

笔 记

2.2.2 数据集划分方法

想要充分利用有限的数据，必须采用有效的训练集和验证集划分方式，常用的划分方式有留出法、k 折交叉验证和自助法。

1. 留出法

最简单、直接的方法就是随机采样出一部分数据作为训练集，再采样出另一部分作为验证集，这种方法就是**留出法**（Hold-out）。如果机器学习过程不使用验证步骤，那么

笔记

这种划分方式就相当于拿出大部分数据做训练，剩下的全部留做测试，这也是"留出"这个名称的含义。留出法的一个问题是它所留出的、用于模型验证的数据是固定不变的。即使在满足分布一致性的条件下，训练集和验证集的划分方式也并不是唯一的。把所有 ID 为奇数的数据作为训练集和把所有 ID 为偶数的数据作为训练集，进行模型评估的结果肯定有所区别。通过留出法计算出来的泛化误差本质上也是个随机变量，单次留出得到的估计结果就相当于对这个分布进行一次采样，该单次采样的结果没办法体现出随机变量的分布特性。正因如此，在使用留出法时一般采用多次随机划分，在不同的训练、验证集上评估模型性能再取平均值的方式，以此来得到关于泛化误差更加精确的估计。平均留出法示意图如图 2-3 所示。

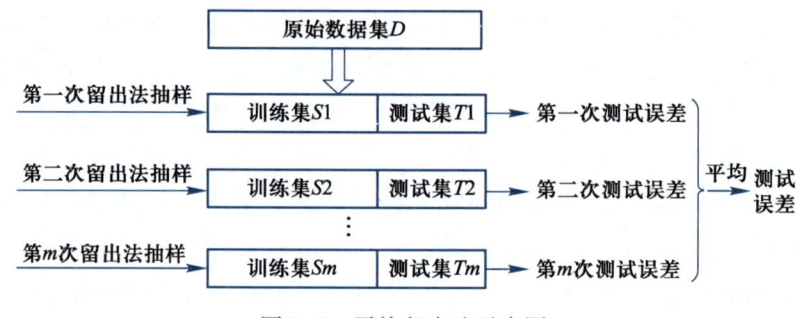

图 2-3　平均留出法示意图

2. k 折交叉验证

k 折交叉验证将原始数据集随机划分为 k 个大小相同的子集，并进行 k 轮验证。每一轮验证都选择一个子集作为验证集，而将剩余的 $k-1$ 个子集用作训练集。由于每一轮中选择的验证集都互不相同，每一轮验证得到的结果也是不同的，k 轮结果的均值就是对泛化性能的最终估计值。10 折交叉验证示意图如图 2-4 所示。

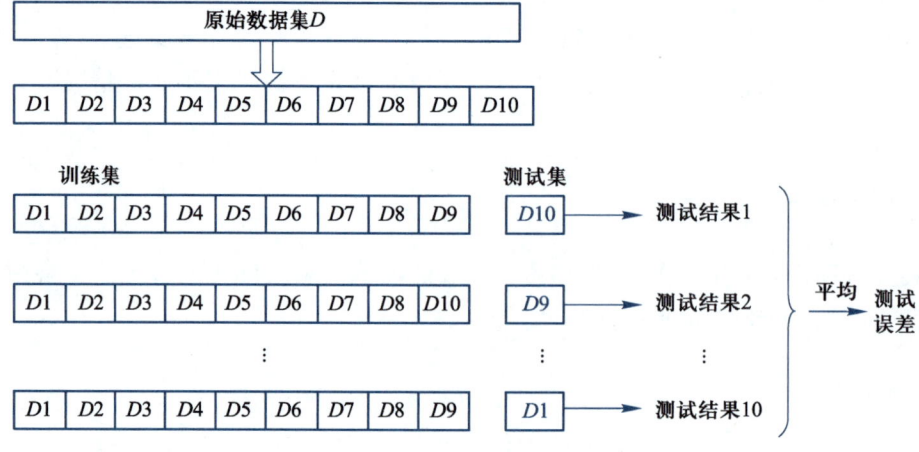

图 2-4　10 折交叉验证示意图

k 折交叉验证中 k 值的选取直接决定估计结果的精确程度。较小的 k 值意味着更少的数据被用于训练模型，这将导致每一轮估计得到的结果更加集中，但都会偏离真正的泛化误差，也就是方差较小而偏差较大。随着 k 的不断增加，越来越多的数据被用在模型拟合上，计算出的泛化误差也会越来越接近真实值。但由于训练数据的相似度越来越高，训练出来的模型也就越来越像，这就会导致在不同的验证集上产生较大的方差。k 折交叉验证一个特例是 k 等于原始数据集的容量 N，此时每一轮中只有一个样本被用做测试，不同轮次中的训练集则几乎完全一致。这个特例被称为**留一法**（Leave-one-out）。留一法得到的是关于真实泛化误差的近似无偏的估计，其结果通常被认为较为准确。但它的缺点是需要训练的模型数量和原始数据集的样本容量是相等的，当数据量较大时，使用留一法无疑会带来庞大的计算开销。

3. 自助法（Bootstrapping）

k 折交叉验证执行的是典型的不放回的重采样，在同一轮验证中某个样本要么出现在训练集，要么出现在验证集，两者必居其一。自助法实质是有放回的随机抽样，即从已知数据集中随机抽取一条样本，然后将该样本放入测试集的同时放回原数据集，继续下一次抽样，重复这样的过程。就如在学习概率论时经常遇到的问题：一个袋子里有红球若干，白球若干，从中抽出一个球查看颜色后再放回，再次抽出一个红球／白球的概率是多少。这种放回重采样的方式会导致某些数据可能在同一轮验证中多次出现在训练集内，而另一些数据可能从头到尾都没有参与到模型的训练中。在每一轮次的自助采样中，没有被采到的样本会作为测试数据使用。

自助法在数据集较小、难以有效划分训练集和测试集时很有用。此外，自助法能从初始数据集中产生多个不同的训练集，这对集成学习（强学习分类器）等方法有很大的好处。然而，自助法产生数据集改变了初始数据集的分布，这会引入估计偏差，如图 2-5 所示。

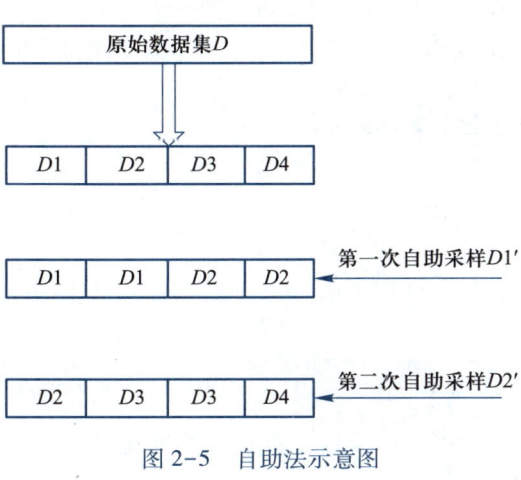

图 2-5　自助法示意图

4. 不同划分方法比较

（1）留出法的优缺点

留出法的优点如下：

1）实现简单、方便，在一定程度上能够评估泛化误差。

2）测试集和训练集分开，缓解了过拟合。

留出法的缺点如下：

1）一次划分，结果偶然性大。

2）数据被拆分以后，用于训练、测试的数据更少了。

（2）k 折交叉验证的优缺点

k 折交叉验证的优点如下：

1）k 可以根据实际情况设置，充分利用了所有样本。

2）多次划分，评估结果相对稳定。

k 折交叉验证的缺点如下：

计算比较烦琐，需要进行 k 次训练和评估。

（3）自助法的优缺点

自助法的优点如下：

1）样本量比较小时可以通过自助法产生多个自助样本集，且有约 36.8% 的测试样本。

2）对于总体的理论分布没有要求。

自助法的缺点如下：

无放回抽样引起额外的偏差。

5. 不同方法应用场景

1）已知数据集样本量充足时，通常采用留出法或者 k 折交叉验证。

2）对于已知数据集比较小且难以有效划分训练集、测试集时，可采用自助法。

3）对于已知数据集比较小且可以有效划分训练集、测试集时，可采用留一法。

2.2.3　scikit-learn 中数据集划分实现

1. train_test_split( )方法

scikit-learn 中 model_selection 模块的 train_test_split( )方法用于将数据集切分成训练集和测试集，其原型如下。

```
sklearn. model_selection. train_test_split( ∗ arrays, ∗ ∗ options)
```

方法返回一个列表，依次给出一个或者多个数据集的划分结果。每个数据集都划分为训练集和测试集两部分。

参数说明：

1） * arrays：一个或者多个数组，代表被拆分的一些数据集，可以是 lists、np. array、pd. DataFrame。

2） options：

● test_size：可以是 float 类型，必须是［0，1］，代表测试集占总数据集的比例；也可以是 int 类型，代表测试集的实际数量。如果给出的是 None，则所有的集合都是训练集，默认是 0.25。

● train_size：和 test_size 一样。

● random_state：随机数种子。确保每次运行可以得到一样的结果。

● shuffle：是否重新洗牌，默认为 True，即将数据集打乱，重新排列。

● stratify：按照一定的比例抽取样本。

2. KFold 类

KFold 类实现了数据集的 k 折交叉划分，其原型如下。

class sklearn. model_selection. KFold(n_splits = 3 , shuffle = False， random_state = None)

KFold 首先将 $0 \sim (n-1)$ 的整数从前到后均匀划分成 n_splits 份。每次迭代时依次挑选一份作为测试集样本的下标。

参数说明：

1） n_splits：整数，即要求该整数值大于或等于 2。

2） shuffle：布尔值。如果为 True，则在切分数据集之前先打乱数据集。

3） random_state：指定随机数种子。

3. split( )方法

split( )方法用于切分数据集为训练集和测试集，返回测试集的样本索引和训练集的样本索引。其原型如下。

split(X［ , y , groups］)

参数说明：

1） X：训练数据集，形状为(n_samples , n_features)。

2） y：标记信息，形状为(n_samples)。

3） groups：样本的分组标记，用于拆分。

● 如果 shuffle = True，则按顺序划分。

● 如果 shuffle = False，则按随机划分。

4. LeaveOneOut 类

LeaveOneOut 类实现了数据集的留一法拆分（简称 LOO）。它是一个生成器，其原型如下。

> class sklearn. model_selection. LeaveOneOut(n)

其中，参数 n 是一个整数，表示数据集大小。

LeaveOneOut 类的用法很简单。它每次迭代时，依次取 $0,1,\cdots,(n-1)$ 作为测试集样本的下标。

2.3　模型性能评估

PPT：2.3
模型性能评估

用训练数据集拟合出备选模型的参数，再用验证数据集选出最优模型后，接下来就到了模型评估的阶段了。模型评估中使用的是测试数据集，通过衡量模型在从未出现过的数据上的性能来估计模型的泛化特性。

微课 2–3
模型性能
评估

2.3.1　回归模型的评估指标

当建立好回归模型后，可以采用如下的指标来衡量模型的效果。

1. 均方差（MSE）

均方差（Mean Squared Error，MSE），为所有样本误差（真实值与预测值之差）的平方和，然后取均值。

$$\text{MSE} = \frac{1}{m} \sum_{i=1}^{m} (y^{(i)} - \hat{y}^{(i)})^2$$

2. 均方差的平方根（RMSE）

均方差的平方根（Root Mean Squared Error，RMSE），即在 MSE 的基础上取平方根。

$$\text{RMSE} = \sqrt{\text{MSE}} = \sqrt{\frac{1}{m} \sum_{i=1}^{m} (y^{(i)} - \hat{y}^{(i)})^2}$$

3. 平均绝对值误差

平均绝对值误差（Mean Absolute Error，MAE），为所有样本误差的绝对值和。

$$\text{MAE} = \frac{1}{m} \sum_{i=1}^{m} |y^{(i)} - \hat{y}^{(i)}|$$

4. 决定系数 R^2

R^2 为决定系数，用来表示模型拟合性的分值，值越高表示模型拟合性越好，最高为 1，可能为负值。R^2 的计算公式为 1 减去 RSS 与 TSS 的商。其中，TSS（Total Sum of

Squares）为所有样本与均值的差异，是方差的 m 倍。而 RSS（Residual sum of squares）为所有样本误差的平方和，是 MSE 的 m 倍。

$$R^2 = 1 - \frac{\text{RSS}}{\text{TSS}} = 1 - \frac{\sum\limits_{i=1}^{m} (y^{(i)} - \hat{y}^{(i)})^2}{\sum\limits_{i=1}^{m} (y^{(i)} - \overline{\hat{y}}^{(i)})^2}$$

$$\overline{y} = \frac{1}{m} \sum_{i=1}^{m} y^{(i)}$$

从公式定义可知，最理想情况是所有的样本的预测值与真实值相同，即 RSS 为 0，此时 R^2 为 1。

2.3.2　分类模型的评估指标

1. 混淆矩阵

机器学习采用了混淆矩阵（Confusion Matrix）来对不同的划分结果加以区分，混淆矩阵见表 2-1。

表 2-1　混 淆 矩 阵

项　　目	预　　测　　值		
实际值	样本种类	正样本	负样本
	正样本	真的正样本（TP）	假的负样本（FN）
	负样本	假的正样本（FP）	真的负样本（TN）

混淆矩阵，也称为列联表（Contingency Table），是用来表示误差，衡量模型分类效果的一种形式。该矩阵是一个方阵，矩阵的数值用来表示分类器预测的结果，包括真的正样本（True Positive），假的正样本（False Positive），真的负样本（True Negtive），假的负样本（False Negtive）。其定义分别为：

1）TP：将正样本识别为正样本的数量（或概率）。
2）FN：将正样本识别为负样本的数量（或概率）。
3）FP：将负样本识别为正样本的数量（或概率）。
4）TN：将负样本识别为负样本的数量（或概率）。

2. 正确率（Accuracy）

正确率用来衡量模型对数据集样本预测正确的比例，即等于所有预测正确的样本数与参加预测的样本总数之比。

$$正确率 = \frac{\text{TP+TN}}{\text{TP+FP+TN+FN}}$$

笔记

3. 召回率/查全率（Recall）

召回率/查全率 R 也称为真正样本率（True Positive Rate，TPR），表示的是预测为正样本的样本（TP）占参与预测样本中正样本（TP+FN）的比率，也就是模型对真实正样本的判断能力。通俗地说，召回率则要求把尽可能少的真实正样本判定为预测负样本（FN）。数学表达式为

$$recall = \frac{TP}{TP+FN}$$

4. 精度/查准率（Precision）

精度/查准率 P 也称为正样本预测值（Positive Predictive Value），表示的是预测为正样本的样本（TP+FP）中真正为正样本的样本（TP）的比率，也就是模型预测结果的准确程度。通俗地说，查准率要求把尽可能少的真实负样本（TF）判定为预测正样本（FP）。数学表达式为

$$precision = \frac{TP}{TP+FP}$$

5. P-R 曲线和 F1 值

在一般情况下，查准率和查全率是鱼和熊掌不可兼得的一对指标。使用比较严苛的判定标准可以提高查准率。例如，医学上对青光眼的诊断主要依赖于眼压值，将诊断阈值设定得较高可以保证所有被诊断的患者都是真正的病人，从而得到较高的查准率。可这样做会将症状不那么明显的初期患例都划分为正常范畴，从而导致查全率的大幅下降。反过来，如果将眼压的诊断阈值设定得较低，稍有症状的患者都会被诊断为病人。这样做固然可以保证真正的病人都被确诊，使查全率接近于 100%，但确诊的病例中也会包含大量的疑似患者，指标稍高的健康人也会被误诊为病人，从而导致查准率的大幅下降。将查准率和查全率画在同一个平面直角坐标系内，得到的就是 P-R 曲线，如图 2-6 所示，它表示了模型可以同时达到的查准率和查全率。

在 P-R 曲线中，当查准率和查全率的平衡点是两者相等时，它是另外一种度量方式，即 F1 值：

$$F1 = \frac{2 \times precision \times recall}{precision + recall}$$

可以看到，F1 值就是 precision 和 recall 值的调和平均值的 2 倍。

如果一个模型的 P-R 曲线能够完全包住另一个模型的曲线，就意味着前者全面地优于后者。可是更普遍的情况是有些模型查全性能较优，而另一些模型查准性能较优，这就需要根据任务本身的特点来加以选择了。

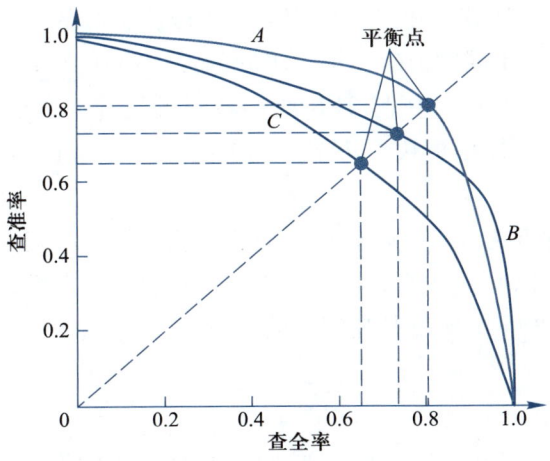

图 2-6   P-R 曲线与平衡点示意图

6. ROC 曲线

ROC 曲线（Receiver Operating Characteristic，受试者工作特征曲线），使用图形来描述二分类系统的性能表现，如图 2-7 所示。

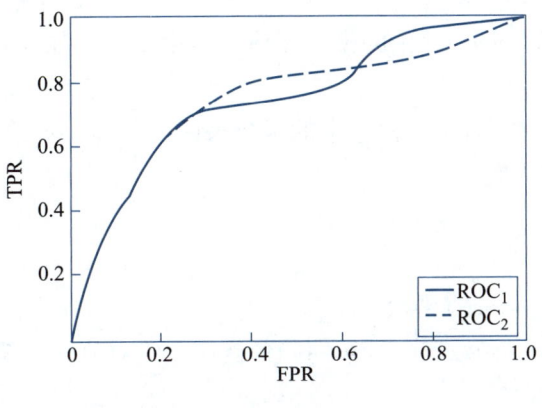

图 2-7   ROC 曲线示意图

图形的纵轴为真正样本率（True Positive Rate，TPR），横轴为假正样本率（False Positive Rate，FPR）。其中，真正样本率与假正样本率定义为：

$$TPR = \frac{TP}{TP+FN}$$

$$FPR = \frac{FP}{FP+TN}$$

ROC 曲线通过真正样本率（TPR）与假正样本率（FPR）两项指标，可以用来评估分类模型的性能，从而进行分类模型的选择。真的正样本率与假的正样本率可以通过移

笔 记

笔记

动分类模型的阈值而进行计算。随着概率阈值发生改变，真的正样本率与假的负样本率也会随之发生改变。当取不同阈值时会得到不同的混淆矩阵，对应于 ROC 曲线上的一个点。那么 ROC 曲线就反映了 FPR 与 TPR 之间权衡的情况，通俗来说，即在 TPR 随着 FPR 递增的情况下，谁增长得更快，快多少的问题。TPR 增长得越快，曲线越往上凸，模型的分类性能就越好。

ROC 曲线如果为对角线，则可以理解为随机猜测。如果在对角线以下，则其性能比随机猜测还要差。如果 ROC 曲线真正样本率为 1，假的正样本率为 0，即曲线为 $x = 0$ 与 $y = 1$ 构成的折线，则此时的分类器是最完美的。

7. AUC

AUC（Area Under the Curve）是指 ROC 曲线下的面积，使用 AUC 值作为评价标准是因为很多时候 ROC 曲线并不能清晰地说明哪个分类器的效果更好，而 AUC 作为数值可以直观地评价分类器的好坏，值越大越好。

2.3.3　模型评估指标的 scikit-learn 实现

在 scikit-learn 中有三种方法来评估 estimator 的预测性能。

1）estimator 的 . score 方法。

2）通过使用 model_selection 中的模型评估工具来评估，如 model_selection. cross_val_ score 等方法。

3）通过 scikit-learn 的 metrics 模块中的函数来评估 estimator 的预测性能。

下面重点讲解这些函数。

1. 回归问题性能度量

（1）mean_absolute_error( )函数

mean_absolute_error( )函数用于计算回归预测误差绝对值的均值（mean absolute error：MAE），其原型为：

```
sklearn. metrics. mean_absolute_error( y_true , y_pred , sample_weight = None , multioutput = 'uniform_average' )
```

返回值为预测误差绝对值的均值。

参数说明：

1）y_true：真实的标记集合。

2）y_pred：预测的标记集合。

3）multioutput：指定对于多输出变量的回归问题的误差类型。

● 'raw_values'：对每个输出变量，计算其误差。

● 'uniform_average'：计算其所有输出变量的误差的平均值。

4) sample_weight：样本权重，默认每个样本的权重为 1。

（2）mean_squared_error( ) 函数

mean_squared_error( ) 函数用于计算回归预测误差平方的均值（mean square error，MSE），其原型如下。

> sklearn. metrics. mean_squared_error（y_true，y_pred，sample_weight = None，multioutput = 'uniform_average'）

返回值为预测误差平方的均值。

参数参考 mean_absolute_error( ) 函数。

2. 分类问题性能度量

（1）accuracy_score( ) 函数

accuracy_score( ) 函数用于计算分类结果的准确率，其原型如下。

> sklearn. metrics. accuracy_score（y_true，y_pred，normalize = True，sample_weight = None）

如果 normalize 为 True，则返回准确率；如果 normalize 为 False，则返回正确分类的数量。

参数说明：

1) y_true：真实的标记集合。

2) y_pred：预测的标记集合。

3) normalize：布尔值，指示是否需要归一化结果。

- 如果为 True，则返回分类正确的比例（准确率）。
- 如果为 False，则返回分类正确的样本数量。

4) sample_weight：样本权重，默认每个样本的权重为 1。

（2）precision_score( ) 函数

precision_score( ) 函数用于计算分类结果的查准率，其原型如下。

> sklearn. metrics. precision_score（y_true，y_pred，labels = None，pos_label = 1，average = 'binary'，sample_weight = None）

返回值为查准率。

参数说明：

1) y_true：真实的标记集合。

2) y_pred：预测的标记集合。

3) labels：一个列表。当 average 不是'binary'时使用。

- 对于多分类问题，它指示计算哪些类别。不在 labels 中的类别，计算 macro precision 时其成分为 0。

✏ 笔 记

- 对于多标签问题，它指示待考察的标签的索引。
- 除 average＝None 之外，labels 的元素的顺序也非常重要。
- 在默认情况下，y_true 和 y_pred 中所有的类别都将被用到。

4）pos_label：字符串或者整数，指定哪个标记值属于正类。

- 如果是多分类或者多标签问题，则该参数被忽略。
- 如果设置 label＝[pos_label] 以及 average！＝'binary'，则会仅计算该类别的 precision。

5）average：字符串或者 None，用于指定二分类或者多类分类的 precision 如何计算。

- 'binary'：计算二分类的 precision。此时由 pos_label 指定的类为正类，报告其 precision。它要求 y_true、y_pred 的元素都是 0、1。
- 'micro'：通过全局的正类和父类，计算 precision。
- 'macro'：计算每个类别的 precision，然后返回它们的均值。
- 'weighted'：计算每个类别的 precision，然后返回其加权均值，权重为每个类别的样本数。
- 'samples'：计算每个样本的 precision，然后返回其均值。该方法仅对多标签分类问题有意义。
- None：计算每个类别的 precision，然后以数组的形式返回每个类别的 precision。

6）sample_weight：样本权重，默认每个样本的权重为 1。

（3）recall_score 函数

recall_score()函数用于计算分类结果的查全率，其原型如下。

sklearn. metrics. recall_score (y_true，y_pred，labels＝None，pos_label＝1，average＝'binary'，sample_weight＝None)

返回值为查全率。

参数参考 precision_score()函数。

（4）f1_score()函数

f1_score()函数用于计算分类结果的 F1 值，其原型如下。

sklearn. metrics. f1_score (y_true，y_pred，labels＝None，pos_label＝1，average＝'binary'，sample_weight＝None)

返回值为 F1 值。

参数参考 precision_score()函数。

（5）classification_report()函数

classification_report()函数以文本方式给出分类结果的主要预测性能指标，其原型如下。

> sklearn. metrics. classification_report（y_true，y_pred，labels = None，target_names = None，
> sample_weight = None，digits = 2）

返回值：格式化的字符串，给出分类评估报告。

参数说明：

1）y_true：真实的标记集合。

2）y_pred：预测的标记集合。

3）labels：一个列表，指定报告中出现哪些类别。

4）target_names：一个列表，指定报告中类别对应的显示出来的名字。

5）digits：用于格式化报告中的浮点数，保留几位小数。

6）sample_weight：样本权重，默认每个样本的权重为 1。

分类评估报告的内容如下，其中：

1）precision 列：给出查准率。它依次将类别 0 作为正类，类别 1 作为正类……

2）recall 列：给出查全率。它依次将类别 0 作为正类，类别 1 作为正类……

3）recall 列：给出 F1 值。

4）support 列：给出该类有多少个样本。

5）avg / total 行：

● 对于 precision、recall、recall 列，给出该列数据的算术平均。

● 对于 support 列，给出该列的算术和（其实就等于样本集总样本数量）。

（6）confusion_matrix（）函数

confusion_matrix 函数给出分类结果的混淆矩阵，其原型如下。

> sklearn. metrics. confusion_matrix（y_true，y_pred，labels = None）

返回值为格式化的字符串，给出分类结果的混淆矩阵。

参数参考 classification_report（）函数。

（7）precision_recall_curve（）函数

precision_recall_curve（）函数用于计算分类结果的 P-R 曲线，其原型如下。

> sklearn. metrics. precision_recall_curve（y_true，probas_pred，pos_label = None，sample_
> weight = None）

返回值为一个元组。元组内的元素分别为：

1）P-R 曲线的查准率序列。该序列是递增序列，序列第 i 个元素是当正类概率的判定阈值为 thresholds［i］时的查准率。

2）P-R 曲线的查全率序列。该序列是递减序列，序列第 i 个元素是当正类概率的判定阈值为 thresholds［i］时的查全率。

笔记

3）P-R 曲线的阈值序列 thresholds。该序列是一个递增序列，给出判定为正例时的正类概率的阈值。

参数说明：

1）y_true：真实的标记集合。

2）probas_pred：每个样本预测为正类的概率的集合。

3）pos_label：正类的类别标记。

4）sample_weight：样本权重，默认每个样本的权重为 1。

（8）roc_curve( )函数

roc_curve( )函数用于计算分类结果的 ROC 曲线，其原型如下。

> sklearn. metrics. roc_curve (y_true , y_score , pos_label = None , sample_weight = None , drop_intermediate = True)

返回值为一个元组。元组内的元素分别如下：

1）ROC 曲线的 FPR 序列。该序列是递增序列，序列第 i 个元素是当正类概率的判定阈值为 thresholds[i]时的假的正样本率。

2）ROC 曲线的 TPR 序列。该序列是递增序列，序列第 i 个元素是当正类概率的判定阈值为 thresholds[i]时的真的正样本率。

3）ROC 曲线的阈值序列 thresholds。该序列是一个递减序列，给出判定为正样本时的正类概率的阈值。

参数说明：

1）y_true：真实的标记集合。

2）y_score：每个样本预测为正类的概率的集合。

3）pos_label：正类的类别标记。

4）sample_weight：样本权重，默认每个样本的权重为 1。

5）drop_intermediate：布尔值。如果为 True，则抛弃某些不可能出现在 ROC 曲线上的阈值。

（9）roc_auc_score( )函数

roc_auc_score( )函数用于计算分类结果的 ROC 曲线的面积 AUC，其原型如下。

> sklearn. metrics. roc_auc_score (y_true , y_score , average = ' macro ' , sample_weight = None)

返回值为 AUC 值。

参数参考 roc_curve( )函数。

2.4 模型优化

PPT：2.4
模型优化

微课 2-4
模型优化

2.4.1 超参数

模型优化是机器学习算法实现中最困难的挑战之一。机器学习理论的所有分支都致力于模型的优化。

往往机器学习的算法中包含了成千乃至上百万的参数，这些参数有的可以通过训练来优化，称为参数（Parameter），也有一部分参数不能通过训练来优化，称为超参数（Hyper Parameter）。机器学习中的超参数优化旨在寻找使得机器学习算法在验证数据集上表现性能最佳的超参数。超参数与一般模型参数不同，超参数是在训练前提前设置的。

超参数优化找到一组超参数，这些超参数返回一个优化模型，该模型减少了预定义的损失函数，进而提高了给定独立数据的预测或者分类精度。

2.4.2 超参数优化方法

超参数的设置对于模型性能有着直接的影响，其重要性不言而喻。为了最大化模型性能，了解如何优化超参数至关重要。接下来介绍几种常用的超参数优化方法。

1. 手动调参

在很多情况下，工程师们依靠试错法手动对超参数进行调参优化，有经验的工程师能够在很大程度上判断超参数如何进行设置能够获得更高的模型准确性。但是，这一方法依赖大量的经验，并且比较耗时，因此发展出了许多自动化超参数优化方法。

2. 网格化寻优（Grid Search）

网格化寻优可以说是最基本的超参数优化方法之一。使用这种技术，只需为所有超参数的可能构建独立的模型，评估每个模型的性能，并选择产生最佳结果的模型和超参数。这一方法可以通过调用 sklearn 库中的 GridSearchCV（）函数来实现。网格寻优示意图如图 2-8 所示。

网格化寻优的一个缺点是，当涉及多个超参数时，计算数量呈指数增长，并且并不能保证搜索到完美的超参数值。

3. 随机寻优（Random Search）

通常并不是所有的超参数都有同样的重要性，某些超参数可能作用更显著。而随机寻

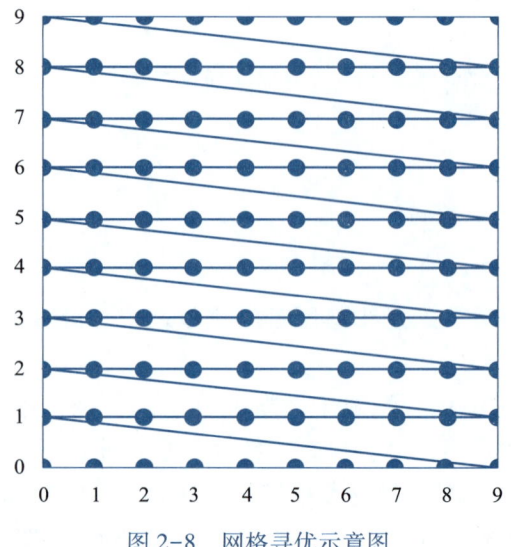

图 2-8   网格寻优示意图

优方法相对于网格化寻优方法能够更准确地确定某些重要的超参数的最佳值。随机寻优示意图如图 2-9 所示。

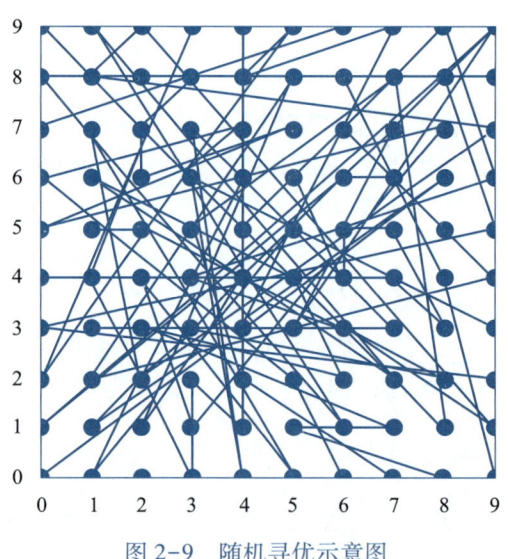

图 2-9   随机寻优示意图

　　随机寻优方法在超参数网格的基础上选择随机的组合来进行模型训练。可以控制组合的数量，基于时间和计算资源的情况，选择合理的计算次数。这一方法可以通过调用 sklearn 库中的 RandomizedSearchCV( ) 函数来实现。

　　尽管 RandomizedSearchCV( ) 的结果可能不如 GridSearchCV( ) 准确，但它令人意外地经常选择出最好的结果，而且只花费 GridSearchCV( ) 所需时间的一小部分。当使用连续参数时，两者的差别如图 2-10 所示。

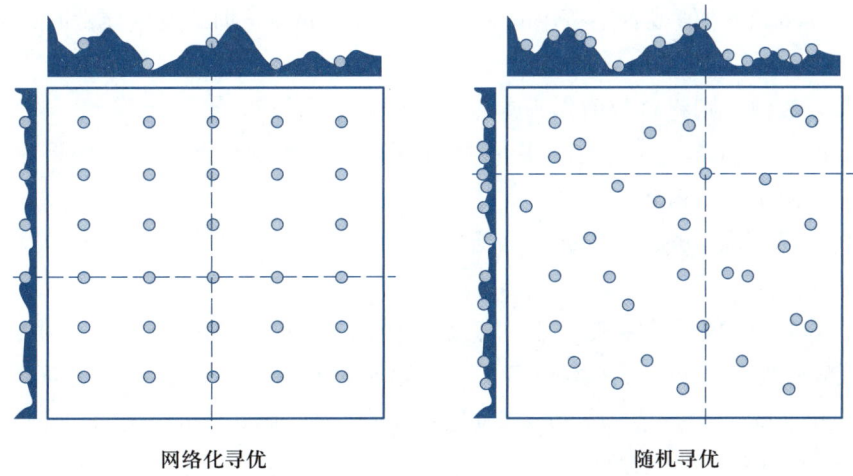

网络化寻优   随机寻优

图 2-10 网格化寻优 VS 随机寻优

随机寻优方法找到最优参数的机会相对更高，但是这一方法适用于低维数据的情况，可以在较少迭代次数的情况下找到正确的参数集合，并且花费的时间较少。

2.4.3 超参数优化方法的 scikit-learn 实现

1. GridSearchCV 类

GridSearchCV 类用于实现网格化超参数优化，其原型如下。

> class sklearn. model_selection. GridSearchCV (estimator，param_grid，scoring = None，fit_params = None，n_jobs = 1，iid = True，refit = True，cv = None，verbose = 0，pre_dispatch = '2 * n_jobs'，error_score = 'raise'，return_train_score = 'warn')

笔记

参数说明：

1) estimator：学习器对象。它必须有 . fit 方法用于学习，有 . predict 方法用于预测，有 . score 方法用于性能评分。

2) param_grid：字典或者字典的列表。每个字典都给出了学习器的一个超参数，其中：

- 字典的键就是超参数名。
- 字典的值是一个列表，指定了超参数对应的候选值序列。

3) fit_params：字典。用来给学习器的 . fit 方法传递参数。

4) iid：如果为 True，则表示数据是独立同分布的。

5) refit：布尔值。如果为 True，则在参数优化之后使用整个数据集来重新训练该最优的 estimator。

6）error_score：数值或者字符串'raise'，指定当 estimator 训练发生异常时，如何处理。

① 如果为'raise'，则抛出异常。

② 如果为数值，则将该数值作为本轮 estimator 的预测得分。

7）return_train_score：布尔值，指示是否返回训练集的预测得分。如果为'warn'，则等价于 True 并抛出一个警告。

8）其他参数参考 cross_val_score()函数。

类属性如下：

1）cv_results_：数组的字典。可以直接用于生成 pandas DataFrame。其中，键为超参数名，值为超参数的数组。另外额外多了一些如下的键：

● mean_fit_time、mean_score_time、std_fit_time、std_score_time：给出了训练时间、评估时间的均值和方差，单位为秒。

● xx_score：给出了各种评估得分。

2）best_estimator_：学习器对象。代表了根据候选参数组合筛选出来的最佳的学习器。如果 refit=False，则该属性不可用。

3）best_score_：最佳学习器的性能评分。

4）best_params_：最佳参数组合。

5）best_index_：在 cv_results_ 中，第几组参数对应着最佳参数组合。

6）scorer_：评分函数。

7）n_splits_：交叉验证的 k 值。

类方法如下：

1）fit(X[, y, groups])：执行参数优化。

2）predict(X)：使用学到的最佳学习器来预测数据。

3）predict_log_proba(X)：使用学到的最佳学习器来预测数据为各类别的概率的对数值。

4）predict_proba(X)：使用学到的最佳学习器来预测数据为各类别的概率。

5）score(X[, y])：通过给定的数据集来判断学到的最佳学习器的预测性能。

6）transform(X)：对最佳学习器执行 transform。

7）inverse_transform(X)：对最佳学习器执行逆 transform。

8）decision_function(X)：对最佳学习器调用决策函数。

GridSearchCV 实现了 estimator 的 .fit、.score 方法。这些方法内部会调用 estimator 对应的方法。

在调用 GridSearchCV.fit 方法时，首先会将训练集进行 k 折交叉，然后在每次划分的集合上进行多轮的训练和验证（每一轮都采用一种参数组合），然后调用最佳学习器的 .fit 方法。

2. RandomizedSearchCV 类

RandomizedSearchCV 类采用随机搜索所有的候选参数对的方法来寻找最优的参数组合，其原型如下。

> class sklearn. model_selection. RandomizedSearchCV (estimator，param_distributions，n_iter = 10，scoring = None，fit_params = None，n_jobs = 1，iid = True，refit = True，cv = None，verbose = 0，pre_dispatch = '2 * n_jobs'，random_state = None，error_score = 'raise'，return_train_score = 'warn')

部分参数说明：

1）param_distributions：字典或者字典的列表。每个字典都给出了学习器的一个参数，其中：

● 字典的键就是参数名。

● 字典的值是一个分布类，分布类必须提供 . rvs 方法。通常可以使用 scipy. stats 模块中提供的分布类，如 scipy. expon（指数分布）、scipy. gamma（gamma 分布）、scipy. uniform（均匀分布）、randint 等。

● 字典的值也可以是一个数值序列，此时就在该序列中均匀采样。

2）n_iter：整数，指定每个参数采样的数量。通常该值越大，参数优化的效果越好。但是参数越大，运行时间也更长。

其他参数参考 GridSearchCV 类。

属性和方法参考 GridSearchCV 类。

2.5　本章小结

本章从模型设计原则、模型验证、不同类型模型评估指标和模型优化四个方面对机器学习模型评估选择进行了介绍。机器学习的数据集一般被划分为训练集和测试集，训练集用于训练模型，测试集用于评估模型。针对不同的机器学习问题，评估指标决定了如何衡量模型的好坏。

习题

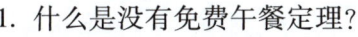
文本：参考答案

1. 什么是没有免费午餐定理？
2. 名称解释：训练集、验证集和测试集。
3. 有 N 个样本，一半用于训练，一半用于测试。若增大 N 值，则训练误差和测试误差之间的差距会（   ）。

    A. 增大

    B. 减小

4. 评估完模型之后，发现模型存在高偏差（High Bias），应该（   ）。

    A. 减少模型的特征数量

    B. 增加模型的特征数量

    C. 增加样本数量

    D. 以上说法都正确

5. 关于 k 折交叉验证，下列说法正确的是（   ）。

    A. k 值并不是越大越好，k 值过大，会降低运算速度

    B. 选择更大的 k 值，会让偏差更小，因为 k 值越大，训练集越接近整个训练样本

    C. 选择合适的 k 值，能减小验方差

    D. 以上说法都正确

6. 下面有关分类算法的准确率、召回率、F1 值的描述，错误的是（   ）。

    A. 准确率是检索出相关文档数与检索出的文档总数的比率，衡量的是检索系统的查准率

    B. 召回率是指检索出的相关文档数和文档库中所有的相关文档数的比率，衡量的是检索系统的查全率

    C. 正确率、召回率和 F1 值取值都为 0~1，数值越接近 0，查准率或查全率就越高

    D. 为了解决准确率和召回率冲突问题，引入了 F1 分数

第 3 章 线性回归

数学中的线性模型可谓"简约而不简单",它既能体现出重要的基本思想,又能构造出功能更加强大的非线性模型。在机器学习领域,线性回归就是这类基本的模型,它应用了一系列影响深远的数学工具。

在数理统计中,回归分析是确定多种变量间相互依赖的定量关系的方法。线性回归假设输出变量是若干输入变量的线性组合,并根据这一关系求解线性组合中的最优系数。在众多回归分析的方法中,线性回归模型最易于拟合,其估计结果的统计特性也更容易确定,因而得到广泛应用。而在机器学习中,回归问题隐含了输入变量和输出变量均可连续取值的前提,因而利用线性回归模型可以对任意输入给出对输出的估计。

当只有一个自变量时,称为**一元线性回归**;当具有多个自变量时,称为**多元线性回归**。

3.1 问题引入

房价是人们所关注的话题之一,房价的高低也是受多个因素影响的,如房屋面积、所处的城市、周边交通方便程度、周边学校和医院分布等都会影响房屋的价格。

人们都希望能买到一个性价比高的房屋,假如给定一个地区房屋售价的历史数据,能否从中发现一些规律,并预测该地区某一待售房屋的售价?也就是说,希望能够利用这些数据来学习并构建一个模型,以拟合历史数据并预测新样本。

以房价与房屋面积的关系为例,假设房价数据,见表 3-1。

PPT:3.1
问题引入

表 3-1 房 价 数 据

编　　号	面积/m²	售价/万元
1	75	100
2	100	180

续表

编　号	面积/m²	售价/万元
3	120	220
4	140	300
5	200	400
⋮		

将表 3-1 中的数据可视化可得到图 3-1。

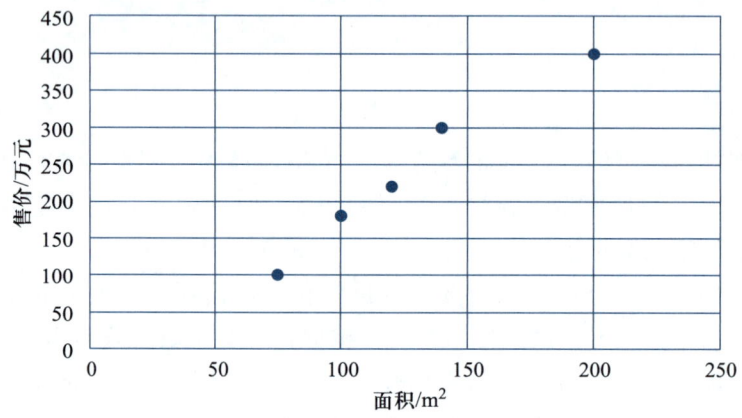

图 3-1　房价数据可视化

假设面积与售价存在线性关系，从机器学习角度讲，线性回归就是要构建一个模型——线性函数，使得该函数与目标值之间的拟合性最好。从空间的角度来看，就是要让函数的直线（面）尽可能穿过空间中的数据点。线性回归会输出一个连续值，如图 3-2 所示。

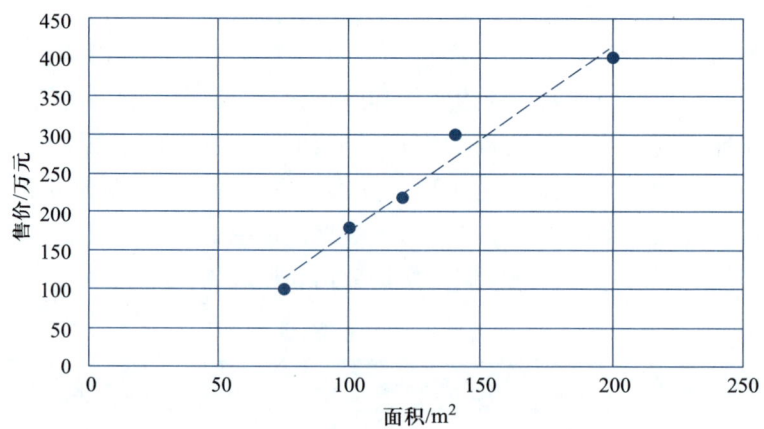

图 3-2　线性回归模型拟合房价数据

3.2 模型建立

PPT：3.2
模型建立

微课 3-1
模型建立

3.2.1 一元线性回归

以房屋面积（x）与房屋价格（y）为例，显而易见，二者是一种线性关系，房屋价格正比于房屋面积。假设比例为 w，则

$$y = wx$$

然而，这种线性方程一定是过原点的，即当 x 为 0 时，y 也一定为 0，这可能并不符合现实中某些场景。为了能够让方程具有更广泛的适应性，这里再增加一个截距，设为 b，即之前的方程变为

$$y = wx + b$$

以上方程，就是数据建模的一元线性回归模型。

3.2.2 多元线性回归

现实中的数据可能是比较复杂的，自变量也很可能不止一个。例如，影响房屋价格很可能不止房屋面积一个因素，可能还有交通便利、周边配套、房间数量、房屋所在层数、房屋建筑年代等诸多因素。不过，这些因素对房屋价格影响的力度（权重）是不同的，例如，房屋所在层数对房屋价格的影响就远不及房屋面积，因此，可以使用如下多个权重来表示多个因素与房屋价格的关系：

$$\hat{y} = w_1 x_1 + w_2 x_2 + w_3 x_3 + \cdots + w_n x_n + b$$

其中，$\hat{y}$ 为预测值，n 为特征的数量，x_i 为第 i 个特征值，w_i 为第 i 个特征的权重。也可以使用向量的表示方式，设 x 与 w 为两个向量：

$$\boldsymbol{x} = \begin{pmatrix} x_1 \\ x_2 \\ x_3 \\ \vdots \\ x_n \end{pmatrix}, \quad \boldsymbol{w} = \begin{pmatrix} w_1 \\ w_2 \\ w_3 \\ \vdots \\ w_n \end{pmatrix}$$

则方程可表示为

$$\hat{y} = \sum_{j=1}^{n} w_j x_j + b = \boldsymbol{w}^{\mathrm{T}} \boldsymbol{x} + b$$

也可以令

$$x_0 = 1, \quad w_0 = b$$

这样，就可以表示为

笔记

$$\hat{y} = w_0 x_0 + w_1 x_1 + w_2 x_2 + w_3 x_3 + \cdots + w_n x_n = \sum_{j=0}^{n} w_j x_j = \boldsymbol{w}^{\mathrm{T}} \boldsymbol{x}$$

说明： 在机器学习中，习惯用上标表示样本，用下标表示特征。

3.3 参数求解

PPT：3.3
参数求解

微课 3-2
参数求解

3.3.1 误差与分布

通过之前的介绍可知，对机器学习而言，就是通过已知数据（经验）建立一个模型，使得该模型能够对未知的数据进行预测。实际上，机器学习的过程，就是确定（学习）模型参数（即模型的权重与偏置）的过程，因为只要模型的参数确定了，就可以利用模型进行预测（有参数模型）。

那么，模型的参数该如果求解呢？对于监督学习来说，可以通过建立损失函数来实现。**损失函数**，也称**目标函数**或**代价函数**，简单来说，就是关于误差的一个函数。损失函数用来衡量模型预测值与真实值之间的差异。机器学习的目标，就是要建立一个损失函数，使得该函数的值最小。

下面来看一下线性回归模型中的误差。正如之前所提及的，线性回归解释的变量（现实中存在的样本）是存在线性关系的。然而，这种关系并不是严格的函数映射关系。但是，我们构建的模型（方程）却是严格的函数映射关系，因此，对于每个样本来说，拟合的结果会与真实值之间存在一定的误差，可以将误差表示为

笔记

$$\hat{y}^{(i)} = \boldsymbol{w}^{\mathrm{T}} \times x^{(i)}$$
$$y^{(i)} = \hat{y}^{(i)} + \varepsilon^{(i)}$$

其中，$\hat{y}^{(i)}$ 表示第 i 个样本的预测值，$y^{(i)}$ 表示第 i 个样本实际值，$\varepsilon^{(i)}$ 表示第 i 个样本预测值与实际值之间的误差。

由于每个样本的误差 ε 是独立同分布的，根据中心极限定理，ε 服从均值为 0，方差为 σ^2 的正态分布。因此，根据正态分布的概率密度公式：

$$p(\varepsilon^{(i)}) = \frac{1}{\sigma\sqrt{2\pi}}\exp\left(-\frac{(\varepsilon^{(i)})^2}{2\sigma^2}\right)$$

$$p(y^{(i)}|x^{(i)};\boldsymbol{w}) = \frac{1}{\sigma\sqrt{2\pi}}\exp\left(-\frac{(y^{(i)}-\boldsymbol{w}^{\mathrm{T}}\times x^{(i)})^2}{2\sigma^2}\right)$$

3.3.2 最大似然估计

假设数据集中共有 m 个样本，每个样本具有 n 个特征，则多个样本的联合密度函数（似然函数）为

$$L(\boldsymbol{w}) = \prod_1^m p(y^{(i)}|x^{(i)};\boldsymbol{w}) = \prod_1^m \frac{1}{\sigma\sqrt{2\pi}}\exp\left(-\frac{(y^{(i)} - \boldsymbol{w}^{\mathrm{T}} \times x^{(i)})^2}{2\sigma^2}\right)$$

根据最大似然估计，所有样本出现的联合概率最大时参数 $\boldsymbol{w}$ 的值，就是我们要求解的值。不过，累计乘积的方式不利于求解，通过使用对数似然函数，即在联合密度函数上取对数操作（取对数操作不会改变函数的极值点），这样就可以将累计乘积转换为累计求和的形式。

$$\begin{aligned}
\ln(L(w)) &= \ln\prod_1^m \frac{1}{\sigma\sqrt{2\pi}}\exp\left(-\frac{(y^{(i)} - \boldsymbol{w}^{\mathrm{T}} \times x^{(i)})^2}{2\sigma^2}\right) \\
&= \sum_1^m \ln\frac{1}{\sigma\sqrt{2\pi}}\exp\left(-\frac{(y^{(i)} - \boldsymbol{w}^{\mathrm{T}} \times x^{(i)})^2}{2\sigma^2}\right) \\
&= m\ln\frac{1}{\sigma\sqrt{2\pi}} - \frac{1}{\sigma^2} \times \sum_1^m (y^{(i)} - \boldsymbol{w}^{\mathrm{T}} \times x^{(i)})^2
\end{aligned}$$

上式中，前半部分都是常数，为了让联合密度概率值最大，只需要让后半部分的值最小即可。这也就是模型要求确定的损失函数。该函数是二次函数，具有唯一极小值。

3.3.3 最小二乘法

一方面，可以通过极大似然估计，寻找出目标函数；另一方面，可以直观地进行分析。从简单的角度看，其实就是要寻找一条合适的直线（平面），使得所有样本距离直线（平面）的距离（误差）达到最小化即可。如图 3-3 所示，其中的圆点为数据点，斜线为最佳解，斜线与圆点之间的线即为误差。

微课 3-3
最小二乘法

可以通过对每个样本的预测值与真实值做差，然后取平方和的方式，求得该平方和最小的 w，就是我们需要求解的 $\hat{w}$。这种方法称作最小二乘法，即最小平方法，通过让样本数据的预测值与真实值之间的误差平方和最小，进而求解参数的方法。

假设数据集中共有 m 个样本，每个样本具有 n 个特征，误差平方和记为 $J(w)$，其公式如下：

$$J(w) = \frac{1}{2}\sum_1^m (y^{(i)} - \boldsymbol{w}^{\mathrm{T}} \times x^{(i)})^2$$

说明：除以 2 是一个微积分技巧，用于消除计算偏导数时出现的 2。

由于

笔记

图 3-3　线性回归拟合曲线

$$\hat{\boldsymbol{y}} = \begin{pmatrix} \hat{y}^{(1)} \\ \hat{y}^{(2)} \\ \hat{y}^{(3)} \\ \vdots \\ \hat{y}^{(m)} \end{pmatrix} = \begin{pmatrix} \boldsymbol{w}^{\mathrm{T}} \times x^{(1)} \\ \boldsymbol{w}^{\mathrm{T}} \times x^{(2)} \\ \boldsymbol{w}^{\mathrm{T}} \times x^{(3)} \\ \vdots \\ \boldsymbol{w}^{\mathrm{T}} \times x^{(m)} \end{pmatrix} = \begin{pmatrix} w_0 x_0^{(1)} + w_1 x_1^{(1)} + w_2 x_2^{(1)} + w_3 x_3^{(1)} + \cdots + w_n x_n^{(1)} \\ w_0 x_0^{(2)} + w_1 x_1^{(2)} + w_2 x_2^{(2)} + w_3 x_3^{(2)} + \cdots + w_n x_n^{(2)} \\ w_0 x_0^{(3)} + w_1 x_1^{(3)} + w_2 x_2^{(3)} + w_3 x_3^{(3)} + \cdots + w_n x_n^{(3)} \\ \vdots \\ w_0 x_0^{(m)} + w_1 x_1^{(m)} + w_2 x_2^{(m)} + w_3 x_3^{(m)} + \cdots + w_n x_n^{(m)} \end{pmatrix}$$

$$= \begin{pmatrix} x_0^{(1)} & x_1^{(1)} & x_2^{(1)} & \cdots & x_n^{(1)} \\ x_0^{(2)} & x_1^{(2)} & x_2^{(2)} & \cdots & x_n^{(2)} \\ \vdots & \vdots & \vdots & \cdots & \vdots \\ x_0^{(m)} & x_1^{(m)} & x_2^{(m)} & \cdots & x_n^{(m)} \end{pmatrix} \begin{pmatrix} w_0 \\ w_1 \\ w_2 \\ \vdots \\ w_n \end{pmatrix}$$

令

$$\boldsymbol{X} = \begin{pmatrix} x_0^{(1)} & x_1^{(1)} & x_2^{(1)} & \cdots & x_n^{(1)} \\ x_0^{(2)} & x_1^{(2)} & x_2^{(2)} & \cdots & x_n^{(2)} \\ \vdots & \vdots & \vdots & \cdots & \vdots \\ x_0^{(m)} & x_1^{(m)} & x_2^{(m)} & \cdots & x_n^{(m)} \end{pmatrix}, \quad \boldsymbol{y} = \begin{pmatrix} y^{(1)} \\ y^{(2)} \\ y^{(3)} \\ \vdots \\ y^{(m)} \end{pmatrix}$$

有

$$\hat{\boldsymbol{y}} = X \times \boldsymbol{w}$$

$$\boldsymbol{\varepsilon} = \begin{pmatrix} \varepsilon^{(1)} \\ \varepsilon^{(2)} \\ \varepsilon^{(3)} \\ \vdots \\ \varepsilon^{(m)} \end{pmatrix} = \begin{pmatrix} y^{(1)} - \hat{y}^{(1)} \\ y^{(2)} - \hat{y}^{(2)} \\ y^{(3)} - \hat{y}^{(3)} \\ \vdots \\ y^{(m)} - \hat{y}^{(m)} \end{pmatrix} = y - \hat{y} = y - X \cdot \boldsymbol{w}$$

$$\sum_1^m \left(\varepsilon^{(i)} \right)^2 = \sum_1^m \left(y^{(i)} - \boldsymbol{w}^{\mathrm{T}} x^{(i)} \right)^2 = \boldsymbol{\varepsilon}^{\mathrm{T}} \cdot \boldsymbol{\varepsilon}$$

因此

$$J(w) = \frac{1}{2} \sum_1^m \left(y^{(i)} - \boldsymbol{w}^{\mathrm{T}} \times x^{(i)} \right)^2 = \frac{1}{2} (Xw - y)^{\mathrm{T}} (Xw - y)$$

要求该目标函数的最小值，只需要对自变量 w 进行求导，导数为 0 时 w 的值，就是要求解的值。

$$\frac{\delta J(\boldsymbol{w})}{\delta \boldsymbol{w}} = \frac{\delta \left(\frac{1}{2} (X\boldsymbol{w} - y)^{\mathrm{T}} (X\boldsymbol{w} - y) \right)}{\delta \boldsymbol{w}} = X^{\mathrm{T}} X \boldsymbol{w} - X^{\mathrm{T}} y$$

令上式为 0，求得 $\hat{\boldsymbol{w}}$。

$$\hat{\boldsymbol{w}} = (X^{\mathrm{T}} X)^{-1} X^{\mathrm{T}} X$$

说明： 1) $\hat{w}$ 为使损失函数最小的 w 值。

2) 使用最小二乘法求解时，要求矩阵 $X^T X$ 必须是可逆的。

可以通过随机生成一些线性数据来测试最小二乘法。

1. 随机生成测试数据

使用 numpy 的 random 模块中 rand( ) 函数随机生成 100 个服从 0—1 均匀分布的随机样本值，使用 randn( ) 函数随机生成与样本维度相同且服从标准正态分布的高斯噪声添加到函数中。

```
import numpy as np

np. random. seed(1234)
X = 2 * np. random. rand(100, 1)
y = 4 + 3 * X + np. random. randn(100, 1)
```

2. 数据可视化

使用 matplotlib 进行数据可视化。

```
%matplotlib inline
import matplotlib as mpl
import matplotlib. pyplot as plt

mpl. rc('axes', labelsize = 14)
mpl. rc('xtick', labelsize = 12)
mpl. rc('ytick', labelsize = 12)
plt. plot(X, y, "b. ")
plt. xlabel("$x_1$", fontsize = 18)
plt. ylabel("$y$", rotation = 0, fontsize = 18)
plt. axis([0, 2, 0, 15])
plt. show()
```

笔 记

运行结果如图 3-4 所示。

3. 使用最小二乘法计算 $\hat{w}$

使用 numpy 的线性代数模块（np. linalg）中的 inv( ) 函数对矩阵求逆，并使用 dot( ) 方法计算矩阵的内积。计算内积之前，令 $x_0 = 1$，通过 np. c_[ ] 使数据集中每个样本增加一个特征 x_0。

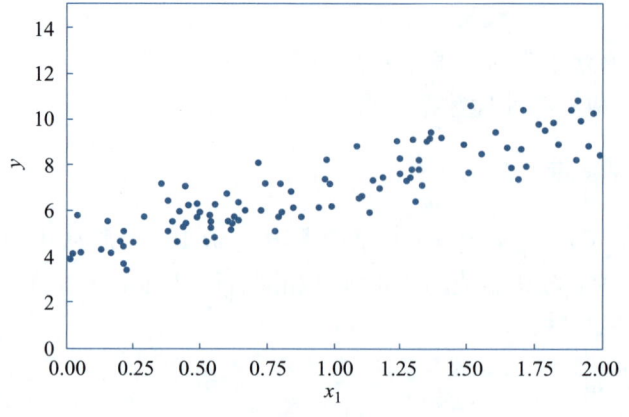

图 3-4　随机生成的线性数据集

```
#将 x0 = 1 添加到数据集的每个样本上
X_b = np. c_[np. ones((100, 1)), X]
w_best = np. linalg. inv(X_b. T. dot(X_b)). dot(X_b. T). dot(y)
```

计算的结果 w_best 如下。

```
array([[3.78034545],
       [3.16033646]])
```

我们期待的 $w_0 = 4$，$w_1 = 3$，得到 $w_0 = 4.07630632$，$w_1 = 2.94132381$，两者非常接近。

4. 绘制拟合曲线

通过 matplotlib 将拟合曲线添加到数据集上。

```
w = 2.82475222
b = 4.21031524
def y_hat(x):
    return w * x+b
plt. plot(X, y, "b.")
plt. plot(X,y_hat(X),"r")
plt. show()
```

代码运行结果如图 3-5 所示。

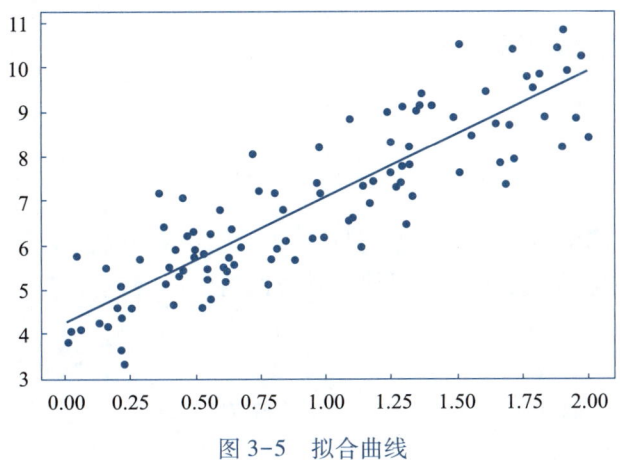

图 3-5　拟合曲线

3.3.4　梯度下降

微课 3-4
梯度下降

1. 算法思想

梯度下降是一种非常通用的优化算法，能够为大范围的问题找到最优解。梯度下降的中心思想就是迭代地调整参数，从而使损失函数最小化。

假设迷失在山上的浓雾之中，能感觉到的只有脚下路面的坡度。快速到达山脚的一个策略就是沿着最陡的方向下坡。这就是梯度下降的做法：通过测量参数向量 w 相关的误差函数的局部梯度，并不断沿着降低梯度的方向调整，直到梯度降为 0（最小值）。

梯度具有如下的特征：

1）函数在某一点，在该点梯度的方向变化最快。

2）沿着梯度的方向，函数上升最快。

3）逆着梯度的方向，函数下降最快。

因此，可以通过梯度指引的方向，进而求解函数的极值。过程如下：

1）设定一个初始坐标点。

2）求解该坐标点的梯度值。

3）根据梯度值指定的方向，前进一段距离，更新坐标值。

4）重复步骤 2 和 3，直到迭代到指定的次数，或者连续迭代两次的 y 值小于指定的阈值为止。

根据求解极值的不同（极大值还是极小值），可以分为梯度上升或者梯度下降。在机器学习领域中，梯度下降的应用会更多。

说明：梯度的方向不一定指向极值，但是沿着梯度的方向更新可以让函数的值朝着极值靠近。

笔记

笔 记

2. 线性回归模型权重更新

对于损失函数：

$$J(w) = \frac{1}{2} \sum_{1}^{m} (y^{(i)} - w^{\mathrm{T}} \times x^{(i)})^2$$

可以使用梯度下降的方式，不断调整权重 w，进而减小损失函数 $J(w)$ 的值。经过不断迭代，最终求得最优的权重 w，使得损失函数的值最小（近似最小）。调整方式为

$$w_j = w_j - \eta \frac{\delta J(w)}{\delta w_j}$$

注：η 为每次进行调整的幅度系数，称作学习率。

$$\begin{aligned}
\frac{\delta J(w)}{\delta w_j} &= \frac{\delta}{\delta w_j} \frac{1}{2} \sum_{1}^{m} (y^{(i)} - w^{\mathrm{T}} \times x^{(i)})^2 \\
&= 2 \times \frac{1}{2} \times (y^{(i)} - w^{\mathrm{T}} \times x^{(i)}) \frac{\delta}{\delta w_j} (y^{(i)} - w^{\mathrm{T}} \times x^{(i)}) \\
&= (y^{(i)} - w^{\mathrm{T}} \times x^{(i)}) \frac{\delta}{\delta w_j} \left(y^{(i)} - \sum_{j=0}^{n} w_j x_j^{(i)} \right) \\
&= -(y^{(i)} - w^{\mathrm{T}} \times x^{(i)}) x_j \\
&= -(y^{(i)} - \hat{y}^{(i)}) x_j
\end{aligned}$$

先单独对一个样本求梯度，所有样本，只需要分别对每个式子进行求梯度，最后将每个求梯度的结果求和即可。

下面的代码演示了通过梯度下降求解上述随机线性数据集最优参数值 $\hat{w}$ 过程。

```python
import numpy as np


np.random.seed(1234)
X = 2 * np.random.rand(100, 1)
y = 4 + 3 * X + np.random.randn(100, 1)


#定义梯度下降类 SGD
class SGD:
    #定义初始化方法。eta:学习率,iter_time:迭代次数
    def __init__(self, eta, iter_time):
        self.eta = eta
        self.iter_time = iter_time


    #定义用于训练模型的方法。X:样本训练数据,y:样本对应的标签
```

```python
def fit(self, X, y):
    #权重初始化
    self.w_ = np.zeros(X.shape[1])
    self.b_ = 0

    #对所有样本进行 iter_time 轮迭代
    for i in range(self.iter_time):
        for x, target in zip(X, y):
            #计算预测值
            y_hat = np.dot(self.w_, x) + self.b_
            #更新权重
            self.w_ = self.w_ + self.eta * (target-y_hat) * x
            self.b_ = self.b_ + self.eta * (target-y_hat)


sgd = SGD(0.01, 100)
sgd.fit(X, y)
print(sgd.w_)
print(sgd.b_)
```

运行代码，求得 $b=4.05413287$，$w=2.89545057$，与我们期待 $w=3$，$b=4$ 比较接近。

3. 梯度下降分类

梯度下降可以分为三类：

1）随机梯度下降（Stochastic Gradient Descent，SGD）。

2）批量梯度下降（Batch Gradient Descent，BGD）。

3）小批量梯度下降（Mini-Batch Gradient Descent，MBGD）。

三种方式的不同区别在于权重更新的方式不同。

随机梯度下降每次使用一个样本更新权重，其中样本 i 可能是按顺序选择，也可能是随机选择。

$$w_j = w_j + \eta (y^{(i)} - \hat{y}^{(i)}) x_j$$

批量梯度下降使用所有样本来更新权重。

$$w_j = w_j + \eta \sum_{i=1}^{m} (y^{(i)} - \hat{y}^{(i)}) x_j$$

小批量梯度下降每次使用一个批次的样本更新数据，样本批次数量为 k，当 $k=1$ 时，小批量梯度下降就是随机梯度下降，当 $k=m$ 时，小批量梯度下降就是批量梯度下降。

$$w_j = w_j + \eta \sum_{i=1}^{k} (y^{(i)} - \hat{y}^{(i)}) x_j$$

笔 记

微课 3-5
特征缩放

3.3.5　特征缩放

1. 特征缩放的必要性

（1）提升模型精度

许多机器学习的学习算法中目标函数的基础都是假设所有的特征都是零均值并且具有同一阶数上的方差。如果某个特征的方差比其他特征大几个数量级，那么它就会在学习算法中占据主导位置，导致模型并不能像所期望的那样，从其他特征中学习。

从经验上说，标准化是让不同维度之间的特征在数值上有一定比较性，可以大大提高分类器的准确性。

（2）提升收敛速度

对于线性模型而言，数据归一化后，最优解的寻优过程明显会变得平缓，更容易正确地收敛到最优解。

比较上面图 3-6 中的两张图，图 3-6（a）是没有经过归一化的，在梯度下降的过程中，走的路径更加曲折，而图 3-6（b）明显路径更加平缓，收敛速度更快。

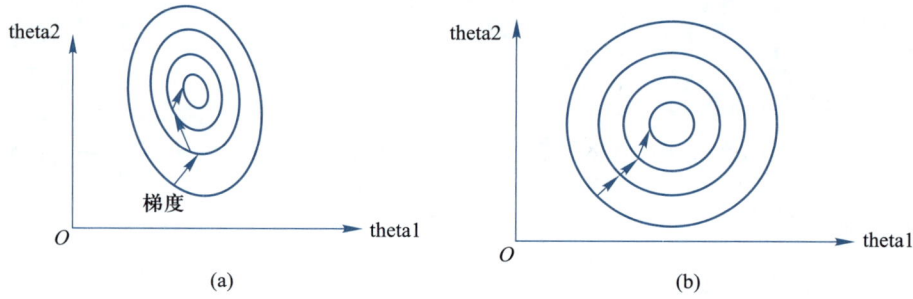

图 3-6　归一化效果示意图

2. 特征缩放的方法

特征缩放的作用就是消除特征的不同尺度所造成的偏差，具体的变换方法有以下两种：

（1）标准化（standardization）

$$x_{\text{st}} = \frac{x - \text{mean}(x)}{\text{stdev}(x)}$$

数据通过减去均值然后除以方差（或标准差）实现标准化，这种数据标准化方法经过处理后数据符合标准正态分布，即均值为 0，标准差为 1。

（2）归一化（normalization）

$$x_{\text{norm}} = \frac{x - \min(x)}{\max(x) - \min(x)}$$

数据通过减去最小值然后除以最大值与最小值之差实现归一化。该方法对于方差非常小的属性可以增强其稳定性，维持稀疏矩阵中为 0 的条目。

不难看出，标准化的方法用原始数据减去均值再除以标准差，不管原始特征的取值范围有多大，得到的每组新数据都是均值为 0，方差为 1，这意味着所有数据被强行拉到同一个尺度上；归一化的方法则是用每个特征的取值区间作为一把尺子，再利用这把尺将不同的数据按比例进行转换，让所有数据都落在[0,1]内。虽然实现方式不同，但两者都能够对数据做出重新标定，以避免不同尺度的特征产生不一致的影响，可谓殊途同归。

3. 特征缩放的 scikit-learn 实现

sklearn 的 preprocessing 提供了可以满足需求的归一化方法。

（1）sklearn. preprocessing. scale( )方法

该方法直接将给定数据进行标准化，代码如下。

```
from sklearn import preprocessing
import numpy as np

X = np. array([[ 1. , -1. ,  2. ],
               [ 2. ,  0. ,  0. ],
               [ 0. ,  1. , -1. ]])
X_scaled = preprocessing. scale(X)

#标准化后数据及数据的均值和方差
print("标准化后数据:", X_scaled )
print("标准化后数据均值:", X_scaled. mean( axis=0))
print("标准化后数据方差:", X_scaled. std( axis=0))
```

代码执行结果如下。

```
标准化后数据：[[ 0.          -1.22474487   1.33630621]
             [ 1.22474487   0.          -0.26726124]
             [-1.22474487   1.22474487  -1.06904497]]
标准化后数据均值：[0. 0. 0.]
标准化后数据方差：[1. 1. 1.]
```

（2）sklearn. preprocessing. StandardScaler 类

该类同样可以实现数据标准化操作，相比于 sklearn. preprocessing. scale( )方法，其好处在于可以存储平均值和标准差，并使用直接保存的参数值对其他数据进行转换。

sklearn. preprocessing. StandardScaler 类的代码如下。

```
#实例化 preprocessing. StandardScaler 类对象
scaler = preprocessing. StandardScaler( )
```

笔记

笔记

```
#调用 fit()方法计算 X 的均值和方差
scaler.fit(X)

#打印 mean_属性值(每个特征的均值)
print("scaler.mean_", scaler.mean_)
#打印 var_属性值(每个特征的方差)
print("scaler.var_", scaler.var_)
```

代码执行结果如下。

```
scaler.mean_: [1.          0.          0.33333333]
scaler.var_: [0.66666667 0.66666667 1.55555556]
```

利用 transform()方法对数据进行标准化操作。

```
X_standardScal = scaler.transform(X)
print(X_standardScal)
```

代码运行结果如下。

```
array([[ 0.        , -1.22474487,  1.33630621],
       [ 1.22474487,  0.        , -0.26726124],
       [-1.22474487,  1.22474487, -1.06904497]])
```

使用保存的均值方差对测试数据进行标准化转换。

```
scaler.transform([[-1., 1., 0.]])
```

代码运行结果如下。

```
array([[-2.44948974,  1.22474487, -0.26726124]])
```

（3）sklearn.preprocessing.MinMaxScaler 类

该类可以实现将数据缩放到一个指定的最大和最小值之间（通常是 1~0）。

sklearn.preprocessing.MinMaxScaler 类的代码如下。实例化 preprocessing.MinMaxScaler 类对象，调用 fit_transform()方法进行拟合并归一化。

```
X_train = np.array([[ 1., -1.,  2.],
                    [ 2.,  0.,  0.],
                    [ 0.,  1., -1.]])

min_max_scaler = preprocessing.MinMaxScaler()
X_train_minmax = min_max_scaler.fit_transform(X_train)
print("归一化后的数据:", X_train_minmax)
```

代码运行结果如下。

归一化后的数据：$[[0.5 \qquad 0. \qquad 1. \qquad]$
$[1. \qquad 0.5 \qquad 0.33333333]$
$[0. \qquad 1. \qquad 0. \qquad]]$

将相同的缩放应用到测试数据中。

```
X_test = np.array([[ -3., -1., 4.]])
X_test_minmax = min_max_scaler.transform(X_test)
print("归一化后的测试数据:", X_test_minmax)
```

代码运行结果如下。

归一化后的测试数据：$[[-1.5 \qquad 0. \qquad 1.66666667]]$

3.4 模型评估

模型确定后，可以通过第 2 章介绍的回归问题模型评估指标 MSE、RMSE、MAE 或 R^2 评估量模型效果。有兴趣的读者可以自己进行尝试，这里不再赘述。

3.5 scikit-learn 中的线性回归

PPT：3.5 scikit-learn 中的线性回归

在 scikit-learn 中，线性回归是由类 sklearn.linear_model.LinearRegression 实现的。

```
LinearRegression(fit_intercept=True, normalize=False, copy_X=True, n_jobs=None)
```

参数说明：

1）fit_intercept（可选参数）：布尔型参数，表示是否计算该模型截距。

2）normalize（可选参数）：布尔型参数，若为 True，则 X 在回归前进行归一化。默认值为 False。

3）copy_X（可选参数）：布尔型参数，若为 True，则 X 将被复制；否则将被覆盖。默认值为 True。

4）n_jobs（可选参数）：整型参数，表示用于计算的作业数量；若为-1，则用所有的 CPU。默认值为 1。

线性回归 fit() 方法用于拟合输入输出数据，调用形式如下。

```
model.fit(X, y, sample_weight=None)
```

参数说明：

1）X：训练向量；

2）y：相对于 X 的目标向量；

3）sample_weight：分配给各个样本的权重数组，一般不需要使用，可省略。

注意：X，y 以及 model.fit( ) 返回的值都是 2-D 数组，如 a=[[0]]。

3.6　房价预测

3.6.1　数据集描述

某城市房价数据集收录在 scikit-learn 的 datasets 中，使用 sklearn.datasets.load_boston 即可加载数据。该数据包含若干该市房屋的价格及各项数据，共有 506 个样本，每个样本 13 个输入变量和 1 个输出变量。每条数据包含房屋以及房屋周围的详细信息，如城镇犯罪率、一氧化氮浓度、住宅平均房间数、到中心区域的加权距离以及自住房平均房价等，各输入变量分别如下（本例中个别参数含义有所修改）：

CRIM：城镇人均犯罪率。

ZN：住宅用地面积。

INDUS：城镇非零售商用土地的比例。

CHAS：河流空变量（如果边界是河流，则为 1；否则为 0）。

NOX：一氧化氮浓度。

RM：住宅平均房间数。

AGE：1940 年之前建成的自用房屋比例。

DIS：到城市五个中心区域的加权距离。

RAD：辐射性公路的接近指数。

TAX：每 10000 元的全值财产税率。

PTRATIO：城镇师生比例。

B：1000(Bk-0.63)^2，其中 Bk 指城镇中老年人的比例。

LSTAT：人口中无业者的比例。

1 个输出变量是：

MEDV：自住房的平均房价，以千元计。

案例的目标即建立线性回归模型，预测该城市房价 MEDV。

3.6.2　导入数据

```
from sklearn import datasets

boston = datasets.load_boston( )
```

```
X = boston. data
y = boston. target
print(X. shape)
print(y. shape)
```

输出显示 X 和 y 形状分别为（506，13）和（506，），表明数据集有 506 个样本，每个样本包含 13 个特征。与之对应的有 506 个样本的房屋价格。

打印 feature_names 属性，查看输入特征名称。

```
print(boston. feature_names)
```

输出如下。

```
['CRIM' 'ZN' 'INDUS' 'CHAS' 'NOX' 'RM' 'AGE' 'DIS' 'RAD' 'TAX' 'PTRATIO' 'B' 'LSTAT']
```

将数据集转换为 DataFrame 结构，通过 head() 方法查看前 5 个样本数据。

```
import pandas as pd
X = pd. DataFrame(X, columns=boston. feature_names)
y = pd. DataFrame(y, columns=['price'])
boston_df = pd. concat([X, y], axis=1)#横向拼接 X, yprint(boston_df. head())
```

输出前 5 条数据（行），每条数据 13 个特征和一个输出（列），结果如下。

```
    CRIM     ZN   INDUS   CHAS    NOX     RM    AGE     DIS   RAD    TAX  \
0  0.00632  18.0   2.31   0.0   0.538  6.575  65.2  4.0900  1.0  296.0
1  0.02731   0.0   7.07   0.0   0.469  6.421  78.9  4.9671  2.0  242.0
2  0.02729   0.0   7.07   0.0   0.469  7.185  61.1  4.9671  2.0  242.0
3  0.03237   0.0   2.18   0.0   0.458  6.998  45.8  6.0622  3.0  222.0
4  0.06905   0.0   2.18   0.0   0.458  7.147  54.2  6.0622  3.0  222.0

   PTRATIO      B   LSTAT  price
0    15.3   396.90   4.98   24.0
1    17.8   396.90   9.14   21.6
2    17.8   392.83   4.03   34.7
3    18.7   394.63   2.94   33.4
4    18.7   396.90   5.33   36.2
```

查看数据是否存在空值。

```
boston_df. isnull(). sum()
```

输出：

笔记

笔 记

```
CRIM        0
ZN          0
INDUS       0
CHAS        0
NOX         0
RM          0
AGE         0
DIS         0
RAD         0
TAX         0
PTRATIO     0
B           0
LSTAT       0
price       0
dtype：int64
```

从结果看，数据集中不存在空值。

3.6.3　分析数据

通过 describe( ) 方法对数据进行大致分析，显示每个特征样本数、均值、均方差、最大最小值、四分位数，如图 3-7 所示。

```
X. describe( )
```

	CRIM	ZN	INDUS	CHAS	NOX	RM	AGE	DIS	RAD	TAX	PTRATIO	B	LSTAT
count	506.000000	506.000000	506.000000	506.000000	506.000000	506.000000	506.000000	506.000000	506.000000	506.000000	506.000000	506.000000	506.000000
mean	3.613524	11.363636	11.136779	0.069170	0.554695	6.284634	68.574901	3.795043	9.549407	408.237154	18.455534	356.674032	12.653063
std	8.601545	23.322453	6.860353	0.253994	0.115878	0.702617	28.148861	2.105710	8.707259	168.537116	2.164946	91.294864	7.141062
min	0.006320	0.000000	0.460000	0.000000	0.385000	3.561000	2.900000	1.129600	1.000000	187.000000	12.600000	0.320000	1.730000
25%	0.082045	0.000000	5.190000	0.000000	0.449000	5.885500	45.025000	2.100175	4.000000	279.000000	17.400000	375.377500	6.950000
50%	0.256510	0.000000	9.690000	0.000000	0.538000	6.208500	77.500000	3.207450	5.000000	330.000000	19.050000	391.440000	11.360000
75%	3.677083	12.500000	18.100000	0.000000	0.624000	6.623500	94.075000	5.188425	24.000000	666.000000	20.200000	396.225000	16.955000
max	88.976200	100.000000	27.740000	1.000000	0.871000	8.780000	100.000000	12.126500	24.000000	711.000000	22.000000	396.900000	37.970000

图 3-7　分析数据

计算每个特征与输出变量（price）的相关系数。

```
corr = boston_df. corr( ) [ 'price' ]
print( corr )
```

结果如下。

```
CRIM      -0.388305
ZN         0.360445
INDUS     -0.483725
CHAS       0.175260
NOX       -0.427321
RM         0.695360
AGE       -0.376955
DIS        0.249929
RAD       -0.381626
TAX       -0.468536
PTRATIO   -0.507787
B          0.333461
LSTAT     -0.737663
price      1.000000
Name：price，dtype：float64
```

将相关系数大于 0.5 的特征显示出来。

```
import matplotlib.pyplot as plt


corr[abs(corr)>0.5].sort_values().plot.bar()
plt.show()
```

结果如图 3-8 所示。

可以看出 LSTAT、PTRATIO 和 RM 这 3 个特征与 price 的相关系数大于 0.5，下面画出 3 个特征关于 price 的散点图。

```
characters = ['LSTAT','PTRATIO', 'RM']
for i in range(3):
    plt.subplot(3, 2, i+1)
    plt.scatter(boston_df[characters[i]], boston_df['price'], s=20)
    plt.title(characters[i])
    plt.show()
```

输出如图 3-9 所示。

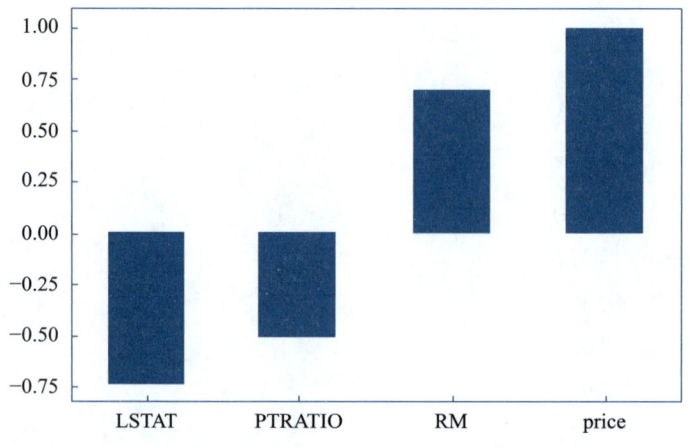

图 3-8　相关系数大于 0.5 的特征

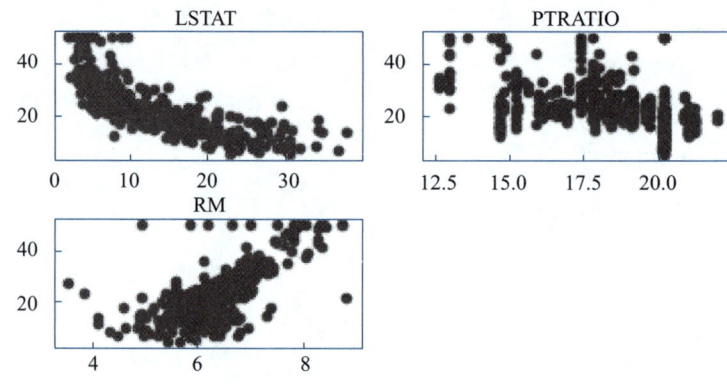

图 3-9　LSTAT、PTRATIO、RM 关于 price 的散点图

3.6.4　划分数据集

将数据集划分为训练集和测试集。

```
from sklearn. model_selection import train_test_split

X_train, X_test, y_train, y_test = train_test_split( X, y, test_size = 0. 3, random_state = 0)
```

3.6.5　数据缩放

将训练集和测试集数据进行标准化处理。

```
from sklearn. preprocessing import StandardScaler

scaler = StandardScaler( )
X_train = scaler. fit_transform( X_train)
```

```
X_test = scaler. fit_transform(X_test)
y_train = scaler. fit_transform(y_train)
y_test = scaler. fit_transform(y_test)
```

3.6.6 训练模型

将训练模型进行标准化处理。

```
from sklearn. linear_model import LinearRegression

lr = LinearRegression()
lr. fit(X_train, y_train)
```

3.6.7 预测并评估模型

通过 predict()方法对测试数据进行预测，并利用决定系数 R^2 对模型进行评估。

```
from sklearn. metrics import
r2_score, mean_squared_error, mean_absolute_error

y_predict = lr. predict(X_test)
print('the value of R-squared of LR
is', r2_score(y_test, y_predict))
```

评估结果如下。

the value of R-squared of LR is 0. 6654717219960746

3.7 本章小结

本章详细介绍了线性回归模型。线性回归假设输出变量是若干输入变量的线性组合，并根据这一关系求解线性组合中的最优系数。线性回归具有建模速度快，不需要很复杂的计算，可以根据系数给出每个变量的理解和解释，对异常值敏感的特点。

文本：参考答案

习题

1. 线性回归能完成的任务是（   ）。

A. 预测离散值

B. 预测连续值

C. 分类

D. 聚类

2. 构建一个最简单的线性回归模型需要（　　　）系数（只有一个特征）。

A. 1 个

B. 2 个

C. 3 个

D. 4 个

3. 以 y 表示观测值，$\hat{y}$ 表示回归估计值，则普通最小二乘法估计参数的准则是（　　　）。

A. $\sum(y-\hat{y})=0$

B. $\sum(y-\hat{y})^2=0$

C. $\sum(y-\hat{y})=$ 最小

D. $\sum(y-\hat{y})^2=$ 最小

4. 在以下描述中，对梯度解释正确的是（　　　）（多选题）。

A. 梯度是一个向量，有方向有大小

B. 求梯度就是对梯度向量的各个元素求偏导

C. 梯度只有大小没有方向

D. 梯度只有方向没有大小

5. 为什么要进行特征缩放？特征缩放的方法有哪些？

第 4 章　过拟合与欠拟合

　　泛化能力（Generalization Ability）是指机器学习算法对新样本的适应能力，简而言之，是在原有的数据集上添加新的数据集，通过训练输出一个合理的结果。学习的目的是学到隐含在数据背后的规律，对具有同一规律的数据集以外的数据，经过训练的模型也能给出合适的输出，该能力称为泛化能力。好的机器学习模型的目标是从问题领域内的训练数据到任意的数据上泛化性能良好，可以在未来对模型没有见过的数据进行预测。

　　在机器学习领域中，当讨论一个机器学习模型学习和泛化的好坏时，通常使用两个术语：过拟合与欠拟合，二者也是机器学习算法表现差的两大原因。

4.1　过拟合与欠拟合的相关概念

　　拟合指的是构建的模型能够符合样本数据的特征。与拟合相关的两个概念是过拟合与欠拟合。

1. 过拟合

　　过拟合（Overfitting），主要由于模型过于复杂，过分捕获样本数据的特征，从而将样本数据中一些特殊特征当成了共性特征。表现为模型在训练集上的效果非常好，但是在未知数据上的表现效果不好。例如，构造一个识别狗的模型，并对这个模型进行训练。恰好，训练样本中的所有训练图片都是哈士奇，那么经过多次迭代训练之后，模型训练好了，并且在训练集中表现得很好。基本上哈士奇身上的所有特征都包括进去了，那么问题来了：假如测试样本是一只金毛，将一只金毛的测试样本放进这个识别狗的模型中，很有可能模型最后输出的结果就是：金毛不是一条狗（因为这个模型基本上是按照哈士奇的特征去打造的）。这样就造成了模型过拟合，虽然在训练集上表现得很好，但是在测试集中表现得恰好相反，在性能的角度上讲就是协方差过大，同样在测试集上的损失函

PPT：4.1
过拟合与欠拟
合的相关概念

微课 4-1
过拟合与欠
拟合的相关
概念

笔 记

数会表现得很大。

2. 欠拟合

欠拟合（Under Fitting），主要是模型过于简单，未能充分捕获样本数据的特征，不能够很好地拟合数据，即模型对训练集的一般性质学习表现很差，表现为模型在训练集上的效果不好。还是拿刚才的模型来说，如果哈士奇被提取的特征比较少，导致训练出来的模型不能很好地匹配，表现得很差，甚至哈士奇都无法识别。

为了更直观地展示，引用了几张图来说明，如图 4-1 所示，真实曲线是正弦曲线，圆点是训练数据，双色线为拟合曲线。

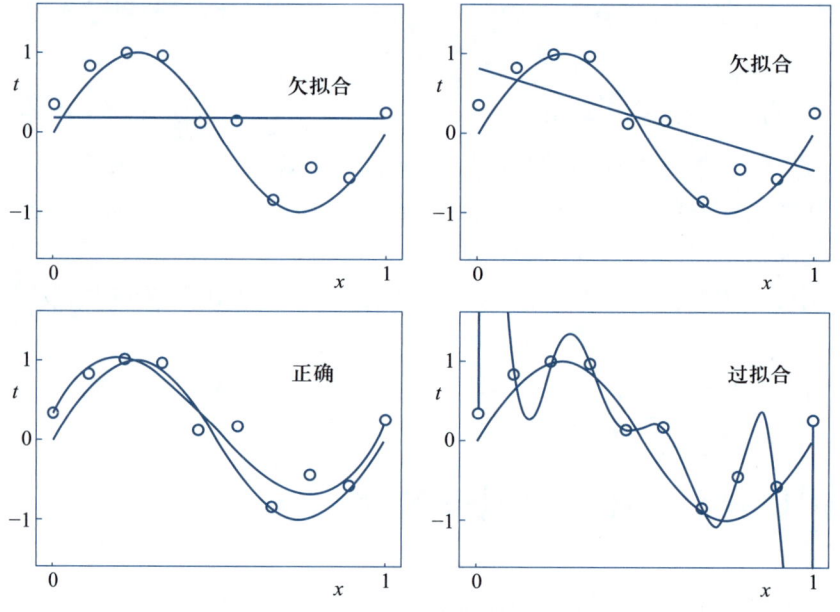

图 4-1　正弦曲线拟合示意图

模型处于过拟合还是欠拟合，可以通过误差趋势图来观察。若模型在训练集与测试集上误差均很大，则说明模型的偏差很大，此时需要想办法处理欠拟合；若是训练误差与测试误差之间有很大的差异，则说明模型的方差很大，这时需要想办法处理过拟合。在实践中，要尽可能同时应对过拟合与欠拟合。虽然很多因素可能导致这两种拟合问题，在这里重点讨论两个因素：模型复杂度和训练数据集的大小。

4.1.1　产生欠拟合与过拟合的原因

1. 产生欠拟合的原因

产生欠拟合的原因如下：

1）模型复杂度过低。

2）特征量过少。

2. 产生过拟合的原因

产生过拟合的原因如下：

1）建模样本选取有误，如样本数量太少、选样方法错误、样本标签错误等，导致选取的样本数据不足以代表预定的分类规则。

2）样本噪声干扰过大，使得机器将部分噪声认为是特征，从而扰乱了预设的分类规则。

3）假设的模型无法合理存在，或者说是假设成立的条件实际并不成立。

4）参数太多，模型复杂度过大。

4.1.2　解决欠拟合与过拟合的方法

1. 欠拟合的解决方案

欠拟合的解决方案如下：

1）增加新特征。可以考虑加入特征组合、高次特征，来增大假设空间。

2）添加多项式特征，这在机器学习算法中应用很普遍。例如，将线性模型通过添加二次项或者三次项使模型泛化能力更强。

3）减少正则化参数，正则化的目的是用来防止过拟合的，但是模型出现了欠拟合，则需要减少正则化参数。

4）使用非线性模型，如核 SVM 、决策树、深度学习等模型。

5）调整模型的容量，通俗来讲，模型的容量是指其拟合各种函数的能力。

2. 过拟合的解决方案

过拟合的解决方案如下：

1）正则化（Regularization）（L1 和 L2）。

2）数据扩增，即增加训练数据样本。

3）降低模型的复杂度。

4）减少迭代次数。

5）选择简单的模型。

下面，分别详细介绍如何通过多项式扩展解决欠拟合和正则化方法降低过拟合。

PPT：4.2
多项式扩展

4.2　多项式扩展

微课 4-2
多项式扩展

可以使用线性回归模型来拟合数据，然而在现实中，数据未必总是线性（或接近线

笔记

性）的。当数据并非线性时，直接使用 LinearRegression 的效果可能会较差，可能产生欠拟合。

下面通过线性回归算法拟合函数 $y = x\sin x$，代码如下。

```python
import numpy as np
import matplotlib as mpl
import matplotlib.pyplot as plt
from sklearn.linear_model import LinearRegression


mpl.rcParams["font.family"] = "SimHei"
mpl.rcParams["axes.unicode_minus"] = False


x = np.linspace(0, 10, 50)
y = x * np.sin(x)
X = x[:, np.newaxis]
lr = LinearRegression()
lr.fit(X, y)
print(lr.score(X, y))
plt.scatter(x, y, c="g", label="样本数据")
plt.plot(X, lr.predict(X), "r-", label="拟合线")
plt.legend()
plt.show()
```

代码输出结果如下，拟合效果如图 4-2 所示。

```
0.05908132146396671
```

从图 4-2 可以看出，模型在训练集上表现非常不好，产生欠拟合。此时，可以尝试使用多项式扩展来进行改进。

多项式扩展可以认为是对现有数据进行的一种转换，通过将数据映射到更高维度的空间中，该模型就可以拟合更广泛的数据。

假设，有如下的二元线性模型：

$$\hat{y} = w_0 + w_1 x_1 + w_2 x_2$$

如果该模型的拟合效果不佳，就可以对该模型进行多项式扩展。例如，进行二项式扩展（也可以进行更高阶的扩展），结果为

$$\hat{y} = w_0 + w_1 x_1 + w_2 x_2 + w_3 x_1 x_2 + w_4 x_1^2 + w_5 x_2^2$$

当进行多项式扩展后，模型由以前的直线变成了曲线，从而可以更灵活地拟合数据。

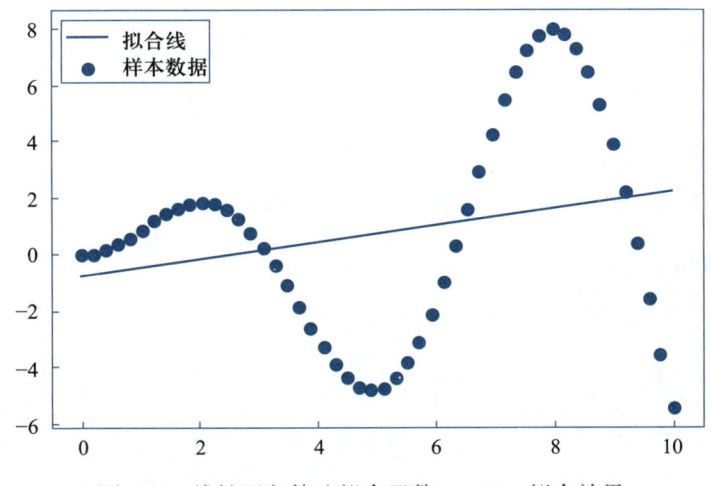

图 4-2　线性回归算法拟合函数 $y=x\sin x$ 拟合效果

4.3　多项式拟合

经过多项式扩展后，依然可以使用之前的线性回归模型去拟合数据。这是因为可以假设：

$$z=[x_1,x_2,x_1x_2,x_1^2,x_2^2]$$

这样，之前的模型就会变成：

$$\hat{y}=w_0+w_1z_1+w_2z_2+w_3z_3+w_4z_4+w_5z_5$$

从而可以认为，这还是一种线性模型。

多项式转换规则：可以使用 sklearn 中提供的 PolynomialFeatures 类来实现多项式扩展。通过 powers_ 属性可以获取扩展后每个输入特征的指数矩阵。指数矩阵的形状为 [输出特征数，输入特征数]。powers_[i, j] 表示第 i 个输出特征中，第 j 个输入特征的指数值。

例如，如果输入样本的特征数为 2，多项式扩展阶数为 2，则指数矩阵为

$$\mathbf{powers}=\begin{bmatrix}0 & 0\\1 & 0\\0 & 1\\2 & 0\\1 & 1\\0 & 2\end{bmatrix}$$

多项式转换其实就是将输入特征转换成输出特征。矩阵的每行对应每个输出特征，每列对应每个输入特征的指数，例如，对于两个输入特征 x_1 与 x_2，多项式转换之后的

PPT：4.3
多项式拟合

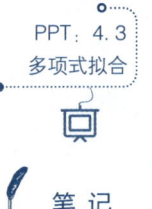

笔 记

笔 记   值为

$$\left[x_1^0 x_2^0, x_1^1 x_2^0, x_1^0 x_2^1, x_1^2 x_2^0, x_1^1 x_2^1, x_1^0 x_2^2\right]$$

即

$$\left[1, x_1, x_2, x_1^2, x_1 x_2, x_2^2\right]$$

下面通过具体代码演示多项式扩展并拟合，代码如下。

```python
i import numpy as np
from sklearn. preprocessing import PolynomialFeatures

X = np. array([[1, 2], [3, 4]])
# 定义多项式扩展类，参数为要扩展的阶数
poly = PolynomialFeatures(2)
# 拟合模型，计算指数矩阵 power_的值
poly. fit(X)
# 对数据集 X 进行多项式扩展，即进行多项式转换
r = poly. transform(X)
# 拟合与转换可以同时进行，使用 fit_transform 方法
#r = poly. fit_transform(X)
print("转换之后的结果:")
print(r)
print("指数矩阵:")
# 指数矩阵，形状为(输出特征数,输入特征数)
print(poly. powers_)
print(f"输入的特征数量:{poly. n_input_features_}")
print(f"输出的特征数量:{poly. n_output_features_}")


# 根据 power_矩阵，自行计算转换结果
# 循环获取 X 中的每一个样本
for x1, x2 in X:
    for e1, e2 in poly. powers_:
        print(x1 ** e1 * x2 ** e2, end=" \t")
    print()
```

4.4　示例：多项式扩展解决欠拟合

PPT：4.4
示例：多项式扩
展解决欠拟合

对之前线性回归拟合函数 $y=x\sin x$ 的程序进行多项式扩展，尝试解决欠拟合问题，分别设置多项式扩展阶数为 1~6，代码如下。

```python
import numpy as np
import matplotlib as mpl
import matplotlib.pyplot as plt
from sklearn.linear_model import LinearRegression
from sklearn.preprocessing import PolynomialFeatures

mpl.rcParams["font.family"] = "SimHei"
mpl.rcParams["axes.unicode_minus"] = False

x = np.linspace(0, 10, 50)
y = x * np.sin(x)
X = x[:, np.newaxis]
figure, ax = plt.subplots(2, 3)
figure.set_size_inches(18, 10)
ax = ax.ravel()

# n 为要进行多项式扩展的阶数
for n in range(1, 7):
    poly = PolynomialFeatures(degree=n)
    X_transform = poly.fit_transform(X)
    lr = LinearRegression()
    # 使用多项式扩展之后的数据集来训练模型
    lr.fit(X_transform, y)
    ax[n - 1].set_title(f"{n}阶,拟合度:{lr.score(X_transform, y):.3f}")
    ax[n - 1].scatter(x, y, c="g", label="样本数据")
    ax[n - 1].plot(x, lr.predict(X_transform), "r-", label="拟合线")
    ax[n - 1].legend()
```

笔记

笔 记

代码输出结果如图 4-3 所示。

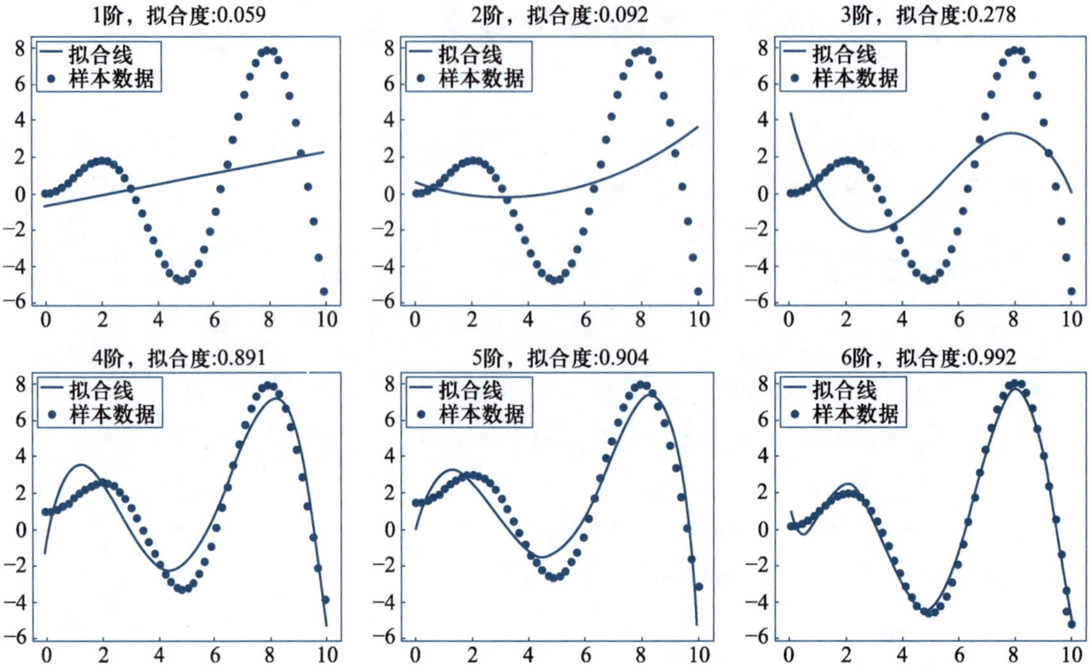

图 4-3 多项式拟合函数 $y = x\sin x$ 代码输出结果

可以看出，通过多项式扩展，拟合度明显提升，很好地解决了之前的欠拟合问题。

4.5 流水线

PPT：4.5
流水线

微课 4-3
流水线

在上例中，首先使用多项式对训练数据进行了转换（扩展），然后使用线性回归类（Linear Regression）在转换后的数据上进行拟合。虽然可以分别去执行这两个步骤，然而当数据预处理的工作较多时，可能会涉及更多的步骤（如标准化、编码等），此时再去一一执行会显得过于烦琐。

流水线（Pipeline 类）可以将每个评估器视为一个步骤，然后将多个步骤作为一个整体而依次执行，这样，就无须分别执行每个步骤。流水线中的所有评估器（除了最后一个评估器外）都必须具有转换功能（具有 transform（ ）方法）。

流水线具有最后一个评估器的所有方法。当调用某个方法 f 时，首先对前 $n-1$ 个（假设流水线具有 n 个评估器）评估器执行 transform（ ）方法（如果调用的 f 是 fit（ ）方法，则 $n-1$ 个评估器会执行 fit_transform（ ）方法），对数据进行转换，然后在最后一个评估器上调用 f 方法。

例如，当在流水线上调用 fit（ ）方法时，将会依次在每个评估器上调用 fit（ ）方法，然后再调用 transform( ) 方法，接下来将转换之后的结果传递给下一个评估器，直到最后一个评估器调用 fit( ) 方法为止（最后一个评估器不会调用 transform( ) 方法）。而当在流水线上调用 predict( ) 方法时，则会依次在每个评估器上调用 transform( ) 方法，然后在最后一个评估器上调用 predict( ) 方法。

下面通过流水线方式对函数 $y = x\sin x$ 进行 8 阶多项式扩展拟合，代码如下。

```python
import numpy as np
import matplotlib as mpl
import matplotlib.pyplot as plt
from sklearn.linear_model import LinearRegression
from sklearn.preprocessing import PolynomialFeatures
from sklearn.pipeline import Pipeline

mpl.rcParams["font.family"] = "SimHei"
mpl.rcParams["axes.unicode_minus"] = False

x = np.linspace(0, 10, 50)
y = x * np.sin(x)
X = x[:, np.newaxis]
# 定义流水线中的每一个评估器,格式为一个含有元组的列表
#每个元组对应流水线中的一个步骤
estimators = [("poly", PolynomialFeatures()), ("lr", LinearRegression())]
# 创建流水线对象,将评估器数组传递给流水线类
pipeline = Pipeline(estimators)
# 设置流水线对象的参数信息
pipeline.set_params(poly__degree=8)
#最后一个评估器调用 fit() 方法
pipeline.fit(X, y)
score = pipeline.score(X, y)

plt.title(f"8 阶,拟合度:{score:.3f}")
plt.scatter(X, y, c="g", label="样本数据")
plt.plot(X, pipeline.predict(X), "r-", label="拟合线")
```

代码输出结果如图 4-4 所示。

笔 记

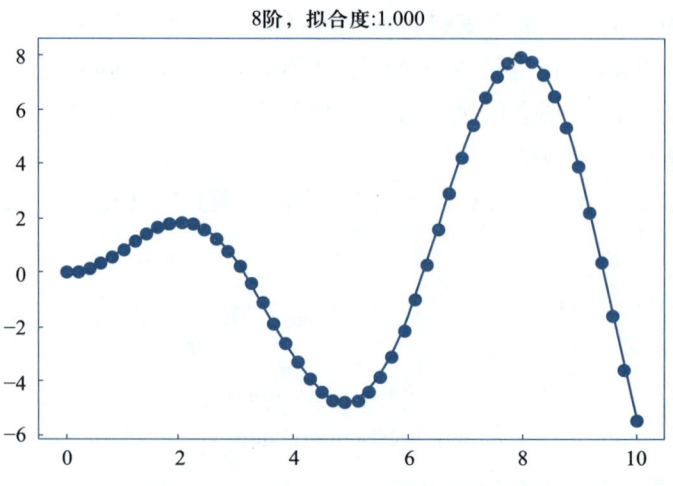

图 4-4   流水线方式对函数 $y = x\sin x$ 进行 8 阶多项式拟合

4.6   多项式产生过拟合

通过之前的程序可以发现，使用多项式扩展完美地解决了欠拟合问题。如果使用更多阶的多项式扩展，甚至可以将拟合度提高为 1。但是问题来了，当多项式扩展时，是否阶数越多越好呢?

下面分别对函数 $\cos(1.5\pi x)$ 分别进行 1 阶、4 阶、10 阶和 15 阶扩展并拟合，查看拟合效果，代码如下。

笔记

```python
import numpy as np
import matplotlib as mpl
import matplotlib. pyplot as plt
from sklearn. pipeline import Pipeline
from sklearn. preprocessing import PolynomialFeatures
from sklearn. linear_model import LinearRegression

mpl. rcParams["font. family"] = "SimHei"
mpl. rcParams["axes. unicode_minus"] = False

# 定义产生数据规则的函数
def true_fun(X):
    return np. cos(1.5 * np. pi * X)

np. random. seed(0)
```

```
n_samples = 30
# 定义不同的多项式阶数
degrees = [1, 4, 10, 15]


x_train = np.sort(np.random.rand(n_samples))
# 根据 x 计算 y 值，并加入噪声
y_train = true_fun(x_train) + np.random.randn(n_samples) * 0.1
# 将训练数据由一维扩展到二维
X_train = x_train[:, np.newaxis]


plt.figure(figsize=(18, 10))
for i, n in enumerate(degrees):
    plt.subplot(2, 2, i + 1)
    pipeline = Pipeline([("poly", PolynomialFeatures(degree=n)),
            ("lr", LinearRegression())])
    pipeline.fit(X_train, y_train)
    train_score = pipeline.score(X_train, y_train)


    x_test = np.linspace(0, 1, 100)
    y_test = true_fun(x_test)
    X_test = x_test[:, np.newaxis]
    test_score = pipeline.score(X_test, y_test)
    plt.plot(X_test, pipeline.predict(X_test), label="预测线")
    plt.plot(X_test, true_fun(X_test), label="真实线")
    plt.scatter(X_train, y_train, c='b', s=20, label="样本数据")
    plt.xlabel("x")
    plt.ylabel("y")
    plt.xlim((0, 1))
    plt.ylim((-2, 2))
    plt.legend(loc="best")
    plt.title(f"阶数:{n} 训练集:{train_score:.3f} 测试集:{test_score:.3f}")
    # 通过流水线获取线性回归类的对象,然后输出权重值
    print(pipeline.named_steps["lr"].coef_)
plt.show()
```

运行上述代码，输出各阶拟合权重值如下。

笔记

笔 记

$$\begin{bmatrix} 0. & -1.60931179 \end{bmatrix}$$

$$\begin{bmatrix} 0. & 0.46754142 & -17.78954475 & 23.5926603 & -7.26289872 \end{bmatrix}$$

$$\begin{bmatrix} 0.00000000e+00 & -2.25463706e+01 & 5.39367580e+02 & -6.36704204e+03 \\ 3.93177179e+04 & -1.41826711e+05 & 3.14870648e+05 & -4.36172657e+05 \\ 3.67565013e+05 & -1.72459296e+05 & 3.45546875e+04 \end{bmatrix}$$

$$\begin{bmatrix} 0.00000000e+00 & -2.98291008e+03 & 1.03898705e+05 & -1.87414969e+06 \\ 2.03715068e+07 & -1.44872540e+08 & 7.09312076e+08 & -2.47064758e+09 \\ 6.24558687e+09 & -1.15676114e+10 & 1.56894446e+10 & -1.54005584e+10 \\ 1.06456985e+10 & -4.91376343e+09 & 1.35919341e+09 & -1.70380431e+08 \end{bmatrix}$$

拟合曲线如图 4-5 所示。

图 4-5   对函数 $\cos(1.5\pi x)$ 分别进行 1 阶、4 阶、10 阶和 15 阶扩展并拟合

PPT：4.7
正则化

从图可以看出，当多项式扩展阶数为 15 时，模型产生过拟合。

4.7   正则化

微课 4-4
正则化

在线性回归中，模型过于复杂，通常表现为模型的参数过大（指绝对值过大），即如果模型的参数过大，就容易出现过拟合现象。如图 4-6 所示，正是因为这里的 x^2 和 x^3 使得这条虚线能够被弯来弯去，所以整个模型就会特别努力地去学习作用在 x^2 和 x^3 上的 c 和 d 参数。但是我们期望模型要学到的却是那条斜线。因为它能更有效地概括数据，而

且只需要一个 $y=a+bx$ 就能表达出数据的规律。或者是说，从斜线最开始时，和曲线（虚线）同样也有 c 和 d 两个参数，可是最终学出来时，c 和 d 都学成了 0，虽然斜线方程的误差要比曲线（虚线）大，但是概括起数据来还是斜线好。那如何保证能学出来这样的参数呢？可以通过正则化来降低过拟合的程度。正则化，就是通过在损失函数中加入关于权重的惩罚项，进而限制模型的参数过大，从而减低过拟合。增加的惩罚项也称作正则项。

根据正则项的不同，可以将正则划分为如下几种：

1）L1 正则化。
2）L2 正则化。
3）Elastic Net。

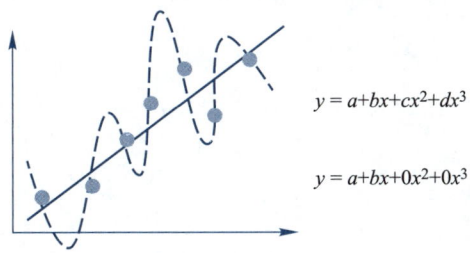

$$y = a+bx+cx^2+dx^3$$

$$y = a+bx+0x^2+0x^3$$

图 4-6　过拟合示意图

1. L1 正则化

L1 正则化使用所有权重的绝对值和作为正则项。使用 L1 正则化的线性回归模型称为 Lasso（Least Absolute Shrinkage and Selection Operator，最小绝对值收缩与选择因子）回归。加入 L1 正则化的损失函数为

$$J(w) = \frac{1}{2} \sum_{i=1}^{m} (y^{(i)} - \hat{y}^{(i)})^2 + \alpha \sum_{j=1}^{n} |w_j|$$

2. L2 正则化

L2 正则化是最常使用的正则化，将所有权重的平方和作为正则项。使用 L2 正则化的线性回归模型称为岭回归（Ridge 回归）。加入 L2 正则化的损失函数为

$$J(w) = \frac{1}{2} \sum_{i=1}^{m} (y^{(i)} - \hat{y}^{(i)})^2 + \alpha \sum_{j=1}^{n} w_j^2$$

笔记

3. Elastic Net

Elastic Net（弹性网络）同时将绝对值和与平方和作为正则项，是 L1 正则化与 L2 正则化之间的一个折中。使用该正则项的线性回归模型成为 Elastic Net 算法。

$$J(w) = \frac{1}{2} \sum_{i=1}^{m} (y^{(i)} - \hat{y}^{(i)})^2 + \alpha \left(p \sum_{j=1}^{n} |w_j| + (1-p) \sum_{j=1}^{n} w_j^2 \right)$$

说明： 以上假设样本数量为 m，特征数量为 n。

$$\alpha > 0 \text{ 且 } 0 \leqslant p \leqslant 1$$

4. L1 正则化与 L2 正则化的差别

L1 正则化会让模型参数稀疏化，即让模型参数向量中为 0 的元素尽量多。而 L2 正则化则是让模型参数尽量小，但不会为 0，即尽量让每个特征对预测值都有一些小的贡献。为什么会造成上述不同的结果呢？

假设现在考虑 w 有两维，如图 4-7 所示，其中下侧阴影区域分别是 L2 和 L1 约束，上侧同心圆区域是损失函数的等高线。上侧同心圆区域与下侧阴影的切点即求出的 w，可以看出对于 L1 约束，w 更容易出现在坐标轴上，即只有一个维度上有非 0 值；而对于 L2 约束，则可能出现在象限的任何位置。这也是 L1 正则化会带来稀疏解的解释之一。

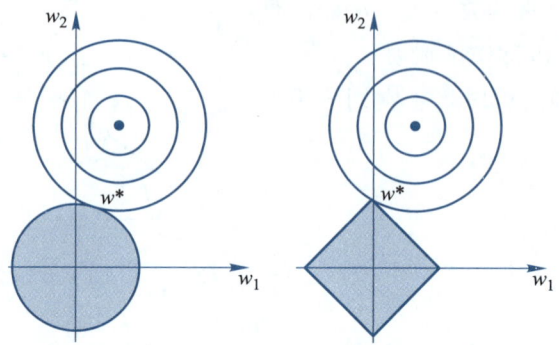
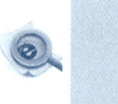

图 4-7   L1 正则化与 L2 正则化几何示意图

4.8   scikit-learn 中 Lasso 回归、岭回归和 ElasticNet 回归实现

在 scikit-learn 中分别通过 sklearn. linear_model. Lasso 类、sklearn. linear_model. Ridge 类和 sklearn. linear_model. ElasticNet 类实现 Lasso 回归、岭回归和 ElasticNet 回归。

1. Lasso 回归

Class sklearn. linear_model. Lasso (alpha = 1. 0，fit_intercept = True，normalize = False，precompute = False，copy_X = True，max_iter = 1000，tol = 0. 0001，warm_start = False，positive = False，random_state = None，selection = 'cyclic')

2. 岭回归（Ridge 回归）

Class sklearn. linear_model. Ridge (alpha = 1. 0，fit_intercept = True，normalize = False，copy_X = True，max_iter = None，tol = 0. 001，solver = 'auto'，random_state = None)

3. ElasticNet 回归

Class sklearn. linear_model. ElasticNet (alpha = 1. 0，l1_ratio = 0. 5，fit_intercept = True，normalize = False，precompute = False，max_iter = 1000，copy_X = True，tol = 0. 0001，warm_start = False，positive = False，random_state = None，selection = 'cyclic')

4. 相关参数、属性和方法

（1）参数

1）alpha：表示正则化项前的调节因子 α，默认为 1.0。

2）normalize：用于选择在拟合数据前是否对其进行归一化，默认为 False。

3）l1_ratio：ElasticNet 回归参数，对应公式中的 p，默认为 0.5。

（2）属性

1）coef_：用于输出线性回归模型的权重向量 w。

2）intercept_：用于输出线性回归模型的偏置常数 b。

3）n_iter_：用于输出实际迭代的次数。

（3）方法

1）fit(X_train, y_train)：在训练集(X_train, y_train)上训练模型。

2）score(X_test, y_test)：返回模型在测试集(X_test, y_test)上的预测准确率。

3）predict(X)：用训练好的模型来预测带预测数据集 X，返回对应的预测结果。

4.9　房价预测——基于 Lasso 回归、岭回归和 ElasticNet 回归

微课 4-5
房价预测——
基于 Lasso 回
归、岭回归和
ElasticNet 回归

下面使用 3.6 节中介绍的某城市房价数据分别展示 Lasso 回归、岭回归和 ElasticNet 回归模型的应用。

4.9.1　使用 Lasso 回归进行房价预测

使用 Lasso 回归进行房价预测，alpha 设置为 0.01，normalize 设定为 True，代码如下。

```
#导入 sklearn. linear_model. Lasso 类
from sklearn. linear_model import Lasso
from sklearn. datasets import load_boston
from sklearn. model_selection import train_test_split

boston = load_boston()
X = boston. data
y = boston. target
X_train, X_test, y_train, y_test = train_test_split(X, y, test_size=0.2, random_state=3)

model = Lasso(alpha=0.01, normalize=True)
```

笔 记

```python
model. fit( X_train, y_train)

train_score = model. score( X_train, y_train)
test_score = model. score( X_test, y_test)
print( f" train_score: {train_score} " )
print( f" test_score: {test_score} " )
```

代码运行结果如下。

```
train_score:0. 7058994683822137
test_score:0. 7787180143706869
```

4. 9. 2　使用 LassoCV 类进行房价预测

scikit-learn 提供了 LassoCV 类，它可以自动执行网格搜索，来寻找最佳 alpha 值。

使用 LassoCV 类。alpha 设置为 [1. 0, 0. 5, 0. 1, 0. 05, 0. 01, 0. 005, 0. 001, 0. 0005, 0. 0001]，normalize 设定为 True，代码如下：

```python
#导入 sklearn. linear_model. LassoCV 类
from sklearn. linear_model import LassoCV
from sklearn. datasets import load_boston
from sklearn. model_selection import train_test_split

boston = load_boston( )
X = boston. data
y = boston. target
X_train, X_test, y_train, y_test = train_test_split( X, y, test_size=0. 2, random_state=3)

model = LassoCV ( alphas = [ 1. 0, 0. 5, 0. 1, 0. 05, 0. 01, 0. 005, 0. 001, 0. 0005, 0. 0001], normalize=True)
model. fit( X_train, y_train)

print( model. alpha_)
```

代码运行结果如下。

```
model. alpha_:0. 001
```

4.9.3 使用岭回归进行房价预测

使用岭回归进行房价预测，alpha 设置为 0.01，normalize 设定为 True，代码如下。

```python
#导入 sklearn. linear_model. Ridge 类
from sklearn. linear_model import Ridge
from sklearn. datasets import load_boston
from sklearn. model_selection import train_test_split

boston = load_boston( )
X = boston. data
y = boston. target
X_train, X_test, y_train, y_test = train_test_split(X, y, test_size=0. 2, random_state=3)

model = Ridge( alpha=0. 01, normalize=True)
model. fit( X_train, y_train)

train_score = model. score( X_train, y_train)
test_score = model. score( X_test, y_test)
print( f" train_score:{train_score}")
print( f" test_score:{test_score}")
```

代码运行结果如下。

```
train_score:0. 723706995939315
test_score:0. 7926416423787221
```

4.9.4 使用 RidgeCV 类进行房价预测

scikit-learn 提供了 RidgeCV 类，它可以自动执行网格搜索，来寻找最佳 alpha 值。

使用 RidgeCV 类，分别设置 alphas 为[1. 0, 0. 5, 0. 1, 0. 05, 0. 01, 0. 005, 0. 001, 0. 0005, 0. 0001]，normalize 为 True，代码如下。

```python
#导入 sklearn. linear_model. LassoCV 类
from sklearn. linear_model import RidgeCV
from sklearn. datasets import load_boston
from sklearn. model_selection import train_test_split

boston = load_boston( )
```

笔记

```
X = boston. data
y = boston. target
X_train, X_test, y_train, y_test = train_test_split(X, y, test_size = 0. 2, random_state = 3)

model = RidgeCV( alphas = [ 1. 0, 0. 5, 0. 1, 0. 05, 0. 01, 0. 005, 0. 001, 0. 0005,
0. 0001], normalize = True)
model. fit( X_train, y_train)

print( f" model. alpha_:{ model. alpha_} ")
```

代码运行结果如下。

```
model. alpha_:0. 001
```

4.9.5　使用 ElasticNet 回归进行房价预测

使用 ElasticNet 回归进行房价预测，alpha 设置为 0. 01，l1_ratio 设置为 0. 5，normalize
设定为 True，代码如下。

```
#导入 sklearn. linear_model. ElasticNet 类
from sklearn. linear_model import ElasticNet
from sklearn. datasets import load_boston
from sklearn. model_selection import train_test_split

boston = load_boston( )
X = boston. data
y = boston. target
X_train, X_test, y_train, y_test = train_test_split( X, y, test_size = 0. 2, random_state = 3)

model = ElasticNet( alpha = 0. 01, l1_ratio = 0. 5, normalize = True)
model. fit( X_train, y_train)

train_score = model. score( X_train, y_train)
test_score = model. score( X_test, y_test)
print( f" train_score:{ train_score} ")
print( f" test_score:{ test_score} ")
```

代码运行结果如下。

```
train_score:0. 5427528644632442
test_score:0. 5464072669398572
```

4.9.6 使用 ElasticNetCV 类进行房价预测

scikit-learn 提供了 ElasticNetCV 类，它可以自动执行网格搜索，来寻找最佳 alpha 和 l1_ratio 值。

使用 ElasticNetCV 类，分别设置 alphas 为（0.1，0.01，0.005，0.0025，0.001），l1_ratio 为（0.1，0.25，0.5，0.75，0.8），normalize 为 True，代码如下。

```
#导入 sklearn.linear_model.ElasticNetCV 类
from sklearn.linear_model import ElasticNetCV
from sklearn.datasets import load_boston

boston = load_boston()
X = boston.data
y = boston.target

encv = ElasticNetCV(alphas=(0.1, 0.01, 0.005, 0.0025, 0.001), l1_ratio=(0.1,
0.25, 0.5, 0.75, 0.8), normalize=True)
encv.fit(X, y)
print('ElasticNet optimal alpha：%.3f and L1 ratio：%.4f' % (encv.alpha_, encv.l1_
ratio_))
```

代码运行结果如下。

ElasticNet optimal alpha：0.005 and L1 ratio：0.7500

4.10 本章小结

本章首先介绍了过拟合与欠拟合的概念和常用解决办法，然后重点讲解了如何通过多项式扩展提升拟合效果和三种不同的正则化方法解决过拟合，最后分别演示了如何通过 scikit-learn 中实现的 Lasso 回归、岭回归和 ElasticNet 回归类进行房价预测。

习题

文本：参考答案

1. 对于图 4-8 所示的三个模型的训练情况，下面说法正确的是（   ）。

（1）图 4-8（a）的训练错误与其余两张图相比，是最大的

（2）图 4-8（c）的训练效果最好，因为训练错误最小

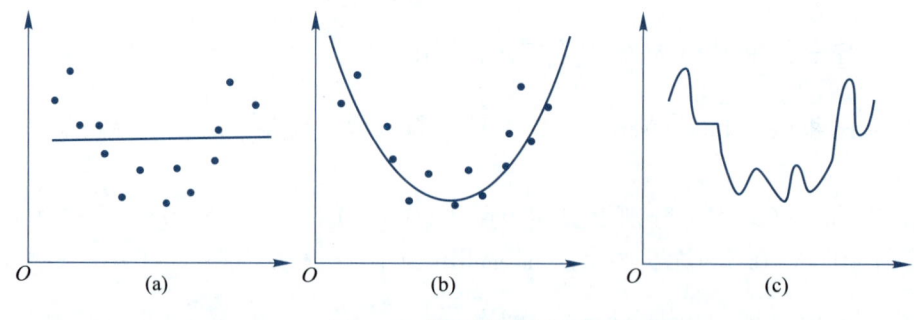

图 4-8   模型的训练情况

（3）图 4-8（b）比图 4-8（a）和图 4-8（c）鲁棒性更强，是三个里面表现最好的模型

（4）图 4-8（c）相对前两张图过拟合了

（5）三张图表现一样，因为我们还没有测试数据集

A.（1）和（2）

B.（1）和（3）

C.（1）、（3）和（4）

D.（5）

2. 机器学习中 L1 正则化和 L2 正则化的区别是（   ）（多选题）。

A. 使用 L1 可以得到稀疏的权值

B. 使用 L1 可以得到平滑的权值

C. 使用 L2 可以得到稀疏的权值

D. 使用 L2 可以得到平滑的权值

3. 下列（   ）方法可以用来减小过拟合（多选题）。

A. 更多的训练数据

B. L1 正则化

C. L2 正则化

D. 减小模型的复杂度

4. 下列关于 Ridge 回归，说法正确的是（   ）（多选题）。

A. 若 $\lambda = 0$，则等价于一般的线性回归

B. 若 $\lambda = 0$，则不等价于一般的线性回归

C. 若 $\lambda = +\infty$，则得到的权重系数很小，接近于零

D. 若 $\lambda = +\infty$，则得到的权重系数很大，接近与无穷大

5. 简要描述解决欠拟合与过拟合的方法。

第 5 章 逻辑回归

分类算法是典型的监督学习，其训练样本中包含样本的特征和标签信息。在二分类中，标签为离散值，如 $\{+1,-1\}$，分别表示正类和负类。分类算法通过对训练样本的学习，得到样本特征到样本标签的映射关系，也被称为假设函数，之后可利用该假设函数对新数据进行分类。

逻辑回归（Logistic Regression）算法是一种被广泛使用的分类算法，通过训练数据中的正负样本，学习样本特征到样本标签的假设函数。逻辑回归算法是典型的线性分类器，由于算法的复杂度低、容易实现等特点，在工业界得到了广泛的应用，如利用逻辑回归算法实现广告的点击率预估、垃圾邮件分类等。

5.1 问题引入

在现实世界中，经常会遇到一些需要做出导致有限结果的决策的场景。例如：

1）今天会下雨吗？

2）我今天能准时到达办公室吗？

3）孩子会从他/她的大学毕业吗？

4）久坐的生活方式会增加患心脏病的概率吗？

5）吸烟会导致肺癌吗？

6）我今天穿蓝色、黑色还是红色的衣服？

7）学生将在什么时间考试？

以上所有情况确实反映了输入/输出的关系。在这里，输出变量值是离散和有限的，而不是像线性回归中那样的连续和无限的值。那么该如何建模和分析此类数据呢？可以尝试构建一个规则，以帮助猜测输入变量的结果，将其称为**分类问题**。它是统计和机器学习中的重要主题。分类是将对象分配给几个预定义类别之一的任务，是一个普遍存在

PPT：5.1
问题引入

笔记

的问题，涵盖了广泛领域中的许多不同应用程序。下面列出一些分类任务的示例：

1）在医学领域，分类任务可以根据给定患者的观察特征（如年龄、性别、血压、体重指数，是否存在某些症状等）为给定患者分配诊断。

2）在银行业，可能希望将成百上千的信用卡新卡申请用户分类为具有良好信用或不良信用，以使信用卡公司决定某用户是否能够使用信用卡。这类问题的应用程序包含诸如年薪、未偿债务、年龄等多个属性的信息，可为决策做进一步分析；或者，人们可能想学习预测特定的信用卡收费是合法的还是非法的。

3）在社会科学中，人们可能会根据年龄、收入、居住状态、先前选举中的投票等来预测选民对候选者的偏好。

4）在保险领域，公司将需要评估"提交的索赔是欺诈性的还是真实的"。

5）在市场营销方面，营销人员想弄清楚"哪个细分受众群可能会购买"。

通常，在商业世界中，响应变量或因变量具有离散且有限结果的**分类问题**比响应变量是连续且具有无限值的**回归问题**更为普遍。**逻辑回归**是用于对分类问题建模的最常用算法之一。

5.2 模型建立

PPT：5.2
模型建立

微课 5-1
模型建立

逻辑回归实现分类的思想为：将每个样本进行"打分"，然后设置一个阈值，将达到这个阈值的分为一个类别，而对于没有达到这个阈值的，分为另外一个类别。对于阈值，比较随意，划分为哪个类别都可以，但是要保证阈值划分的一致性。

对于逻辑回归，模型的前面与线性回归类似：

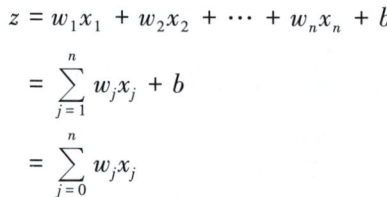

$$z = w_1 x_1 + w_2 x_2 + \cdots + w_n x_n + b$$
$$= \sum_{j=1}^{n} w_j x_j + b$$
$$= \sum_{j=0}^{n} w_j x_j$$

不过，z 的值是一个连续的值，取值范围为 $(-\infty, +\infty)$，需要将其转换为概率值。逻辑回归使用 sigmoid 函数来实现转换。该函数的原型为

$$\text{sigmoid}(z) = \frac{1}{1+e^{-z}}$$

sigmoid 函数图形如图 5-1 所示。

当 z 的值从 $-\infty$ 向 $+\infty$ 过渡时，sigmoid 函数的取值范围为 $[0,1]$，这正好是概率的取值范围，当 $z=0$ 时，sigmoid(0) 的值为 0.5。因此，模型就可以将 sigmoid 的输出 p 作为正例的概率，而 $1-p$ 作为负例的概率。以阈值 0.5 作为两个分类的标准，假设真实的分类 y 的值为 1 与 0，则

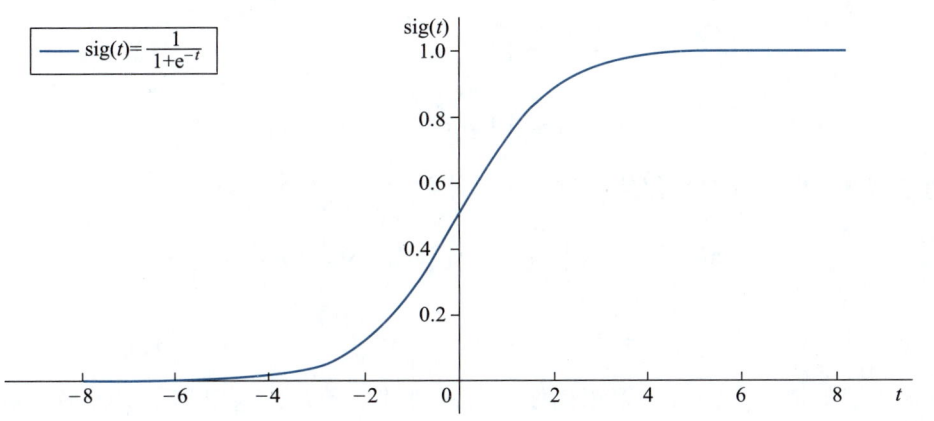

图 5-1　sigmoid 函数图形

$$\hat{y}=\begin{cases}1, & p\geqslant 0.5 \\ 0, & p<0.5\end{cases}$$

因为概率 p 就是 sigmoid 函数的输出值，因此有

$$\hat{y}=\begin{cases}1, & \text{sigmoid}(z)\geqslant 0.5 \\ 0, & \text{sigmoid}(z)<0.5\end{cases}$$

也可以表示为

$$\hat{y}=\begin{cases}1, & z\geqslant 0 \\ 0, & z<0\end{cases}$$

5.3　参数求解

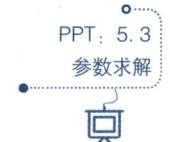

5.3.1　样本概率

根据前面的介绍，可以将类别 y（1 与 0）的概率表示如下（这里使用 s 代表 sigmoid 函数）：

$$p(y=1\,|\,x;w)=s(z)$$
$$p(y=0\,|\,x;w)=1-s(z)$$

可以将以上两个式子综合表示为

$$p(y\,|\,x;w)=s(z)^{y}\left[1-s(z)\right]^{1-y}$$

5.3.2　最大似然估计

以上是一个样本的概率，要求解能够使所有样本联合密度最大的 w 值，因此，根据极大似然估计，所有样本的联合概率密度函数（即似然函数）为

$$L(w) = \prod_{i=1}^{m} p(y^{(i)} \mid x^{(i)} ; w)$$

$$= \prod_{i=1}^{m} s(z^{(i)})^{y^{(i)}} \left[1 - s(z^{(i)}) \right]^{1-y^{(i)}}$$

为了方便求解，取对数似然函数，让累计乘积变成累计求和。

$$\ln L(w) = \ln \left\{ \prod_{i=1}^{m} s(z^{(i)})^{y^{(i)}} \left[1 - s(z^{(i)}) \right]^{1-y^{(i)}} \right\}$$

$$= \sum_{i=1}^{m} \left\{ y^{(i)} \ln s(z^{(i)}) + (1 - y^{(i)}) \ln \left[1 - s(z^{(i)}) \right] \right\}$$

要使上式的值最大，可以采用梯度上升的方式。不过，这里为了引入损失函数的概念，采用相反的方式，即只需要使该值的相反数最小即可，因此可以将上式的相反数作为逻辑回归的损失函数（交叉熵损失函数）：

$$J(w) = - \sum_{i=1}^{m} \left\{ y^{(i)} \ln s(z^{(i)}) + (1 - y^{(i)}) \ln \left[1 - s(z^{(i)}) \right] \right\}$$

为了方便起见，可以对单个样本进行分析。由损失函数的组成可以得出：当真实类别为 1 时，sigmoid 函数（可以认为是得分预测函数）的值越接近于 1，则损失值越小；当真实类别为 0 时，sigmoid 函数的值越接近于 0，则损失值越小。

5.3.3 梯度下降求解

梯度下降算法在 3.3.4 节中已经详细介绍过，此处不再赘述。

梯度下降过程如图 5-2 所示。

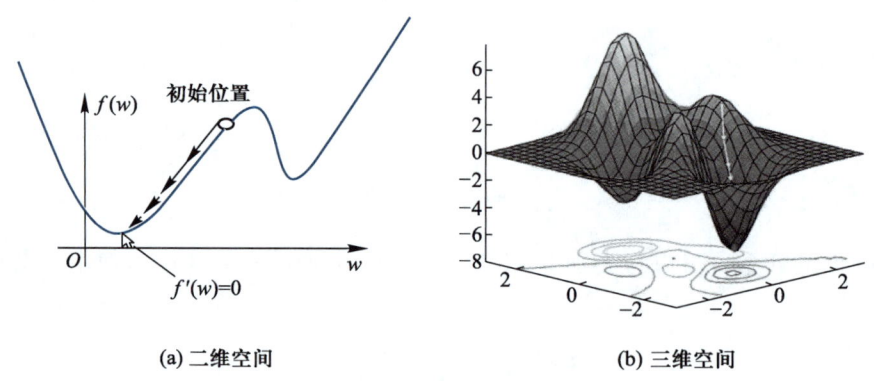

(a) 二维空间   (b) 三维空间

图 5-2   梯度下降过程示意图

5.3.4 权重更新

在梯度下降过程中，通过不断调整权重 w、b，进而减小损失函数 $J(w)$ 的值。经过不断迭代，最终求得最优的权重 w、b，使得损失函数的值最小（近似最小）。调整方式为

$$w_j = w_j - \eta \frac{\delta J(w)}{\delta w_j}$$

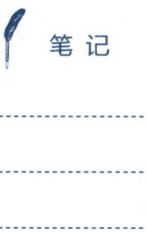

式中，η 为每次进行调整的幅度系数，称为学习率，用来控制梯度下降的速度，类似与人下山时的步幅。η 的选择在梯度下降法中往往是很重要的。如图 5-3 所示，当学习率设置太小时，收敛过程将变得十分缓慢；当学习率设置太大时，梯度可能会在最小值附近来回震荡，甚至可能无法收敛。

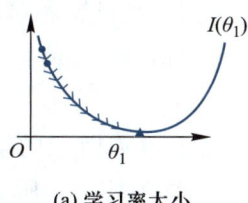

(a) 学习率太小

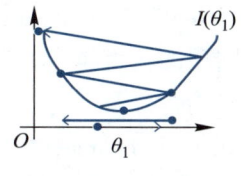

(b) 学习率太大

图 5-3　学习率影响示意图

5.4　模型评估

可以根据第 2 章介绍的分类模型评估指标对模型的性能进行评估，感兴趣的读者可以自己进行尝试，这里不再赘述。

PPT：5.4 模型评估

5.5　scikit-learn 中的逻辑回归

在 scikit-learn 中，与逻辑回归有关的主要包含 LogisticRegression、LogisticRegressionCV 和 logistic_regression_path 这 3 个类。其中，LogisticRegression 和 LogisticRegressionCV 的主要区别是 LogisticRegressionCV 使用了交叉验证来选择正则化系数 C，而 LogisticRegression 需要自己每次指定一个正则化系数。除了交叉验证，以及选择正则化系数 C 以外，LogisticRegression 和 LogisticRegressionCV 的使用方法基本相同。

logistic_regression_path 类则比较特殊，它拟合数据后不能直接来进行预测，只能为拟合数据选择合适逻辑回归的系数和正则化系数，主要是用在模型选择的时候。由于一般情况下用不到该类，所以本书不再具体讲解 logistic_regression_path 类。

sklearn 中的 LogisticRegression 类原型如下。

PPT：5.5 scikit-learn 中的逻辑回归

微课 5-2 scikit-learn 中的逻辑回归

```
class sklearn. linear_model. LogisticRegression ( penalty = 'l2', dual = False, tol = 0. 0001,
C = 1. 0, fit_intercept = True, intercept_scaling = 1, class_weight = None, random_state =
None, solver = 'liblinear', max_iter = 100, multi_class = 'ovr', verbose = 0, warm_start =
False, n_jobs = 1 )
```

参数说明：

1）penalty 惩罚项（str，有'l1'、'l2'可选）。

笔记

l1：向量中各元素绝对值的和。作用是产生少量的特征，而其他的特征都是 0，常用于特征选择。

l2：向量中各个元素的平方和再开根号。作用是选择较多的特征，使它们都趋近于 0。

2）C 值（float，default = 1.0），与前面介绍的正则项权重 λ 相对应，但成反比。也就是说，C 值越大，正则项的权重越小，模型容易出现过拟合；C 值越小，正则项的权重越大，模型容易出现欠拟合。

3）class_weight（dict or 'balanced'，optional），由于逻辑回归的学习方法有 liblinear、lbfgs、newton-cg、sag 等多种，部分参数只有特定的方法中才有，所以可以用到的时候再进行查询。

下面调用 sklearn 中的 LogisticRegression 实现逻辑回归。调用 sklearn 逻辑回归算法十分简单，具体步骤如下。

1）导入。

2）fit( )训练。

3）predic( )预测。

代码示例如下：

```
from sklearn.linear_model import LogisticRegression
clf = LogisticRegression()
clf.fit(train_feature, label)
predict['label'] = clf.predict(predict_feature)
```

5.6   乳腺癌检测

5.6.1   数据集描述

PPT：5.6
乳腺癌检测

微课 5-3
乳腺癌检测

某地区乳腺癌数据集是 sklearn.datasets 的内置数据集，包含了记录的 569 个病人的乳腺癌恶性/良性（1/0）类别样本数据，其中 357 个恶性（$y=1$）样本，212 个良性（$y=0$）样本。每个样本包含与之对应的 30 个维度的生理指标数据（特征）。其中 10 个关键生理指标数据如下：

1）mean radius：半径，即病灶中心点离边界的平均距离。

2）mean texture：纹理，灰度值的标准偏差。

3）mean perimeter：周长，即病灶的大小。

4）mean area：面积，反映病灶大小的一个指标。

5）mean smoothness：平滑度，即半径的变化幅度。

6）mean compactness：密实度，周长的二次方除以面积的商，再减 1。

7）mean concavity：凹度，凹陷部分轮廓的严重程度。

8）mean concave points：凹点，凹陷轮廓的数量。

9）mean symmetry：对称性。

10）mean fractal dimension：分形维度。

在乳腺癌数据集中，实际上它只关注这 10 个特征，然后又构造出了每个特征的标准差及最大值，这样每个特征就又衍生出了两个特征，所以总共有 30 个特征。可以通过 cancer. feature_names 变量来查看这些特征的名称。

5.6.2　导入数据

导入数据的代码示例如下：

```
from sklearn. datasets import load_breast_cancer


cancer = load_breast_cancer( )
X = cancer. data
y = cancer. target
print('data shape：{0}; no. positive：{1}; no. negative：{2}'. format(
    X. shape, y[y= =1]. shape[0], y[y= =0]. shape[0]))
```

结果如下：

```
data shape：(569, 30); no. positive：357; no. negative：212
```

可以看出，数据集中总共有 569 个样本，每个样本有 30 个特征，其中 357 个恶性（y=1）样本，212 个良性（y=0）样本。

打印 feature_name 属性，查看输入特征名称。

```
print( cancer. feature_names)
```

结果如下：

```
['mean radius' 'mean texture' 'mean perimeter' 'mean area'
 'mean smoothness' 'mean compactness' 'mean concavity'
 'mean concave points' 'mean symmetry' 'mean fractal dimension' 'radius error' 'texture error'
 'perimeter error' 'area error' 'smoothness error' 'compactness error' 'concavity error' 'concave
 points error' 'symmetry error' 'fractal dimension error' 'worst radius' 'worst texture' 'worst per-
 imeter' 'worst area' 'worst smoothness' 'worst compactness' 'worst concavity' 'worst concave
 points' 'worst symmetry' 'worst fractal dimension']
```

将数据集转换为 DataFrame 结构，通过 head( ) 方法查看前 5 个样本数据，代码如下。

笔记

笔 记

```
import pandas as pd
X = pd.DataFrame(X, columns=cancer.feature_names)
y = pd.DataFrame(y, columns=['result'])
cancer_df = pd.concat([X, y], axis=1)#横向拼接X,y
print(cancer_df.head())
```

输出前5条数据（行），每条数据30个特征和一个输出（列），结果如下。

	mean radius	mean texture	mean perimeter	mean area	mean smoothness \
0	17.99	10.38	122.80	1001.0	0.11840
1	20.57	17.77	132.90	1326.0	0.08474
2	19.69	21.25	130.00	1203.0	0.10960
3	11.42	20.38	77.58	386.1	0.14250
4	20.29	14.34	135.10	1297.0	0.10030

	mean compactness	mean concavity	mean concave points	mean symmetry \
0	0.27760	0.3001	0.14710	0.2419
1	0.07864	0.0869	0.07017	0.1812
2	0.15990	0.1974	0.12790	0.2069
3	0.28390	0.2414	0.10520	0.2597
4	0.13280	0.1980	0.10430	0.1809

	mean fractal dimension	...	worst texture	worst perimeter	worst area \
0	0.07871	...	17.33	184.60	2019.0
1	0.05667	...	23.41	158.80	1956.0
2	0.05999	...	25.53	152.50	1709.0
3	0.09744	...	26.50	98.87	567.7
4	0.05883	...	16.67	152.20	1575.0

	worst smoothness	worst compactness	worst concavity	worst concave points \
0	0.1622	0.6656	0.7119	0.2654
1	0.1238	0.1866	0.2416	0.1860
2	0.1444	0.4245	0.4504	0.2430
3	0.2098	0.8663	0.6869	0.2575
4	0.1374	0.2050	0.4000	0.1625

	worst symmetry	worst fractal dimension	result
0	0.4601	0.11890	0
1	0.2750	0.08902	0
2	0.3613	0.08758	0
3	0.6638	0.17300	0
4	0.2364	0.07678	0

$$[\,5 \text{ rows x } 31 \text{ columns}\,]$$

5.6.3 划分数据集

将数据集划分为训练集和测试集。

```python
from sklearn.model_selection import train_test_split
X_train, X_test, y_train, y_test = train_test_split(X, y, test_size=0.3, random_state=0)
```

5.6.4 训练模型

训练模型代码如下。

```python
from sklearn.linear_model import LogisticRegression

model = LogisticRegression(solver='liblinear')
model.fit(X_train, y_train)

train_score = model.score(X_train, y_train)
print('train score: {train_score:.6f}'.format(train_score=train_score))
```

代码运行结果如下。

```
train score: 0.957286
```

可以看出，利用逻辑回归模型训练，训练集结果都不错。

5.6.5 预测并评估模型

利用 predict() 方法对测试集数据进行预测，并利用查准率、查全率、F1 值、AUC 值等指标对模型进行评估。

1. 样本预测

样本预测代码如下。

笔记

```
y_pred = model.predict(X_test)
```

2. 查准率、查全率和 F1 值

具体代码如下。

```
from sklearn.metrics import classification_report

print("查准率、查全率、F1 值:")
print(classification_report(y_test, y_pred, target_names=None))
```

代码运行结果如下。

```
查准率、查全率、F1 值:
          precision    recall    f1-score    support

    0        0.93        0.98        0.95          63
    1        0.99        0.95        0.97         108
```

3. AUC 值

AUC 值代码如下。

```
from sklearn.metrics import roc_auc_score

print("AUC 值:")
print(roc_auc_score(y_test, y_pred))
```

代码运行结果如下。

```
AUC 值:
0.9689153439153441
```

4. 混淆矩阵

混淆矩阵代码如下。

```
from sklearn.metrics import confusion_matrix

print("混淆矩阵:")
print(confusion_matrix(y_test, y_pred, labels=None))
```

代码运行结果如下。

混淆矩阵：
```
[[ 62   1]
 [  5 103]]
```

5. 结果分析

从上面的输出结果看，仅使用简单的逻辑回归模型，AUC 值就超过 0.96，结果比较理想。

进一步查看各个特征的权重因子，代码如下。

```
feature_list = list(cancer_df.columns[1:])
#coef_属性保存模型参数
weight = model.coef_[0]
df = pd.DataFrame({"feature":feature_list,"weight":weight})
print(df.sort_values(by='weight'))
```

代码运行结果如下。

	feature	weight
26	worst concave points	-1.483961
25	worst concavity	-1.005121
28	worst fractal dimension	-0.597082
27	worst symmetry	-0.538982
6	mean concave points	-0.503607
5	mean concavity	-0.326265
21	worst perimeter	-0.290814
7	mean symmetry	-0.261408
22	worst area	-0.256219
8	mean fractal dimension	-0.245145
24	worst compactness	-0.212773
4	mean compactness	-0.123521
29	result	-0.106480
13	smoothness error	-0.105263
16	concave points error	-0.040930
18	fractal dimension error	-0.030600
17	symmetry error	-0.029240
9	radius error	-0.021156
23	worst smoothness	-0.019134

笔记

14	compactness error	-0.008275
3	mean smoothness	-0.006661
19	worst radius	0.008671
15	concavity error	0.009108
10	texture error	0.045170
12	area error	0.085072
2	mean area	0.086536
1	mean perimeter	0.107528
11	perimeter error	0.967770
20	worst texture	1.433848
0	mean texture	1.710309

可以看到，在所有的特征中，mean texture 所占权重最大，为 1.710309。

5.6.6　模型优化

使用逻辑回归模型的默认参数训练出来的模型，准确性看起来是比较高的。那么还有没有优化空间呢？如果有，往哪个方向优化呢？

根据第 3 章的介绍，可以尝试进行多项式扩展，以增加特征数。

首先，使用 Pipeline 进行二阶（degree = 2）多项式扩展，使用 L1 正则化（penalty = l1）创建并训练模型，代码如下。

```
import time
from sklearn. linear_model import LogisticRegression
from sklearn. preprocessing import PolynomialFeatures
from sklearn. pipeline import Pipeline


#增加多项式预处理
def polynomial_model(degree = 1, * * kwarg):
    polynomial_features = PolynomialFeatures(degree = degree, include_bias = False)
    logistic_regression = LogisticRegression( * * kwarg)
    pipeline = Pipeline([("polynomial_features", polynomial_features), ("logistic_regression", logistic_regression)])
    return pipeline


model = polynomial_model(degree = 2, penalty = 'l1', solver = 'liblinear')
start = time. perf_counter
```

```
model. fit(X_train, y_train)

train_score = model. score(X_train, y_train)
cv_score = model. score(X_test, y_test)
print('elaspe：{0:.6f}；train_score：{1:0.6f}；cv_score：{2:.6f}'. format( time. clock( )
-start, train_score, cv_score))
```

代码运行结果如下。

```
elaspe： 0.375643；  train_score： 1.000000；  cv_score： 0.964912
```

可以看到，通过多项式扩展和 L1 正则化，训练集和测试集的得分都增加了。为什么使用 L1 正则化呢？第 3 章介绍过，L1 正则化可以实现参数的稀疏化，即自动选择出那些与模型有关联的特征。可以观察有多少特征没有被丢弃，即其对应模型参数不为 0，代码如下。

```
logistic_regression = model. named_steps['logistic_regression']
print('model parameters shape：{0}；count of non-zero element：{1}'. format(logistic_re-
gression. coef_. shape,np. count_nonzero(logistic_regression. coef_)))
```

代码运行结果如下。

```
model parameters shape：(1, 495)；count of non-zero element：91
```

从输出结果可以看出，进行二阶多项式扩展后，输入特征由原来的 30 个增加到 495 个，但最终只保留了 91 个有效特征，大多数特征都被丢弃。

5.7　本章小结

逻辑回归模型是对线性回归的改进，用于解决分类问题，逻辑回归的输出是实例输入每个类别的概率，概率最大的类别就是分类结果。逻辑回归具有实现简单、易于理解的优点，但对数据和场景的适应能力有局限性，容易产生欠拟合，不能很好地处理大量多类特征或变量。

习题

文本：参考答案

1. 使用逻辑回归对样本进行分类，得到训练样本的准确率和测试样本的准确率。现在，在数据中增加一个新的特征，其他特征保持不变，然后重新训练测试。下列说法中

正确的是（　　）。

    A. 训练样本准确率一定会降低

    B. 训练样本准确率一定增加或保持不变

    C. 测试样本准确率一定会降低

    D. 测试样本准确率一定增加或保持不变

2. 逻辑回归将输出概率限定在 $[0,1]$，下列（　　）函数具有这样的作用。

A. sigmoid

B. tanh

C. ReLU

D. Leaky ReLU

3. 以下关于逻辑回归与线性回归问题的描述中，错误的是（　　）。

A. 线性回归要求输入输出值呈线性关系，逻辑回归不要求

B. 线性回归计算方法一般是最小二乘法，逻辑回归的参数计算方法是似然估计法

C. 逻辑回归用于处理分类问题，线性回归用于处理回归问题

D. 逻辑回归一般要求变量服从正态分布，线性回归一般不要求

4. 下列选项中，逻辑回归的损失函数是（　　）。

A. RMSE

B. 交叉熵（Cross-Entropy）损失函数

C. MSE

D. MAE

5. 下列选项中，不是逻辑回归优点的是（　　）。

A. 资源占用少

B. 处理非线性数据较容易

C. 模型形式简单

D. 可解释性好

6. 假设训练一个分类逻辑回归模型，下列选项中描述正确的是（　　）。

A. 向模型中添加新特征总是会在训练集上获得相同或更好的性能

B. 将正则化引入模型中，对于训练集中没有的样本，总是可以获得相同或更好的性能

C. 将正则化引入模型中，总是能在训练集上获得相同或更好的性能

D. 在模型中添加新特性有助于防止训练集过度拟合

第 6 章　k 近邻算法

k 近邻算法（k-Nearest Neighbor，kNN）是 1967 年由 T. Cover 和 P. Hart 提出的一种基本分类与回归方法。k 近邻算法是比较简单的机器学习算法。它采用测量不同特征值之间距离的方法进行分类。如果一个样本在特征空间的 k 个最近邻（最相似）的样本中的大多数都属于某一个类别，则该样本也属于这个类别。也就是说，相似度较高的样本，其距离也会比较近；反之，相似度较低的样本，其距离也会比较远。可以将该算法理解为"近朱者赤，近墨者黑"。

6.1　问题引入

假设对以下电影分别统计其中的打斗和欢笑镜头出现的次数，见表 6-1。

表 6-1　电影镜头分类统计

电影名称	打斗镜头	欢笑镜头	电影类型
电影 A	100	5	动作
电影 B	95	3	动作
电影 C	105	31	动作
电影 D	2	59	喜剧
电影 E	3	60	喜剧
电影 F	10	80	喜剧

从表中可以看出《电影 A》《电影 B》和《电影 C》是动作片，《电影 D》《电影 E》和《电影 F》是喜剧片。

现在有一部新电影《电影 G》，也统计了其中打斗和欢笑镜头出现的次数，那么这部片子应该划分到喜剧类还是动作类呢？我们也许可以从片名或主演的名字直接判断，但

PPT：6.1
问题引入

笔记

是机器并不知道，因此得让机器掌握一种分类规则。那么，应该用什么方法呢？

6.2　k 近邻算法的工作原理

PPT：6.2
k 近邻算法的
工作原理

微课 6-1
k 近邻算法
的工作原理

对于上面的电影分类，把打斗镜头出现的次数看成 X 轴，欢笑镜头出现的次数看成 Y 轴，使用散点图对数据进行可视化，得到图 6-1。

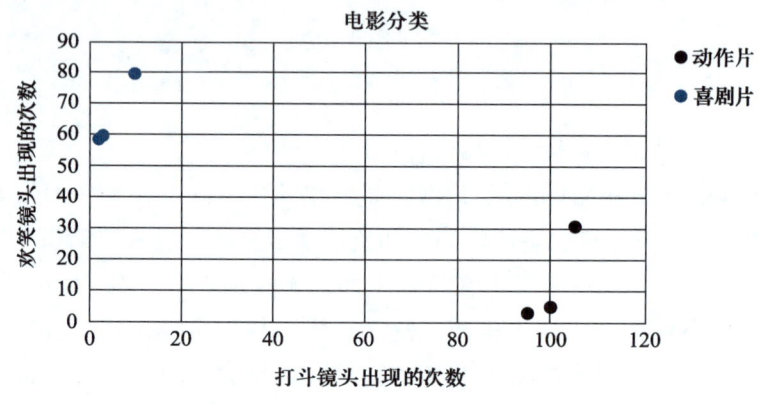

图 6-1　电影数据分类可视化

对于《电影 G》，坐标为 (x, y)，只需要观察离它位置最近的都有哪些电影，这些电影中的大多数属于哪个分类（少数服从多数），那么它就属于哪个分类。

这就是 k 近邻，看它和哪个邻居挨得近，邻居是哪一类，它就是哪一类。

k 近邻算法也可以用于回归，原理和其用于分类是相同的。当使用 k 近邻算法回归计算某个样本的预测值时，模型会选择离该样本最近的若干个训练数据集中的样本，将它们的 y 值取平均值，并把该平均值作为该样本的预测值。

6.2.1　k 近邻算法的执行过程

在 k 近邻算法中，k 是最近邻居的数量。邻居数量是核心决定因素，k 通常为奇数。为了找到最接近的相似点，首先计算样本点之间的距离，之后确定最近的 k 个样本，根据最近样本的类别（分类）或样本值（回归）确定待预测样本的类别或值。k 近邻算法执行过程大致分为以下 3 步：

1）确定近邻的数量 k 与距离度量方法。

2）从训练集中选择离待预测样本最近的 k 个样本。

3）根据这 k 个样本的类别计算待预测样本的类别（分类）或者根据这 k 个样本的值计算待预测样本的值（回归）。

6.2.2　影响 k 近邻算法结果的因素

在 k 近邻算法中，影响最终分类或回归结果的因素有以下几方面。

1. k 值的个数

k 近邻算法中的近邻数 k 是在构建模型时需要选择的超参数，可以将 k 视为预测模型的控制变量。如图 6-2 所示，数据属于两个不同的类别，分别用正方形和三角形表示，圆则代表待分类的数据点，其类别由 k 近邻算法决定。可以看到，当 k 等于 3 时，离未知数据最近的 3 个点是 2 个三角形和一个正方形，因此数据会被归类为三角形。可是当 k 从 3 增加到 5 时，多出来的两个实例都是正方形的，这无疑会导致分类结果发生逆转。由此可见，k 取不同值，分类结果不同。

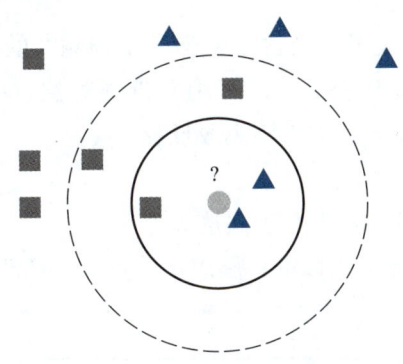

图 6-2　k 近邻算法示例图

实际上，对于一个给定包含 N 个样本的训练集，利用 k 近邻模型相当于先对 N 个样本组成的特征空间进行划分，而 k 值的选择决定了这个特征空间被划分成的子空间数量。所以，当 k 值较大时，相当于对特征空间进行较为复杂的划分，因而相应模型自然会变得更加复杂，从而容易发生过拟合；当 k 值较小时，对特征空间只是进行简单划分，模型的复杂度降低，从而容易产生欠拟合。实际使用时，一般采用交叉验证来选取合适的 k 值。

2. 距离度量方式

除了超参数 k 之外，k 近邻算法的另一个变量是对距离的定义方式，也就是如何衡量哪些点才是"近邻"的标准。两个样本点之间的距离代表了这两个样本之间的相似度。距离越大，差异性越大；距离越小，相似度越大。最常用的距离度量无疑是欧氏距离，可除此之外，闵可夫斯基距离（Minkowski Distance）和曼哈顿距离（Manhattan Distance）也可以应用在 k 近邻算法中，不同的距离代表的是对相似性的不同理解，在不同意义的相似性下，分类结果往往也会有所区别。

对于 n 维实数向量空间 $\mathbf{R}^n$ 上的两个点 $x = (x_1, x_2, \cdots, x_n)$ 和 $y = (y_1, y_2, \cdots, y_n)$，可以定

笔记

笔记

义两点之间的一个较为泛化的距离 L_p——**闵可夫斯基距离**为

$$L_p(x,y) = \left[\sum_{i=1}^{n} |x_i - y_i|^p \right]^{\frac{1}{p}}$$

式中，$p \geqslant 1$ 时满足数学上对距离的定义。当 $p=2$ 时，即为最常见的**欧式距离**（Euclidean Distance）。

$$L_2(x,y) = \sqrt{\sum_{i=1}^{n} (x_i - y_i)^2}$$

当 $p=1$ 时，可以称之为**曼哈顿距离**。

$$L_1(x,y) = \sum_{i=1}^{n} |x_i - y_i|$$

3. 决策规则（是否加权）

k 近邻算法用于回归和分类的主要区别是最后做预测时的决策方式不同。利用 k 近邻算法进行分类预测时，采用多数表决法；利用 k 近邻算法进行回归预测时，采用平均值法。同时，可以选择是否加权，权重与距离成反比。

（1）分类预测规则

一般采用多数表决法或者加权多数表决法。

在图 6-3 中，"?" 表示待预测样本；圆表示一类；正方形表示一类；2 和 3 表示到待预测样本的距离。

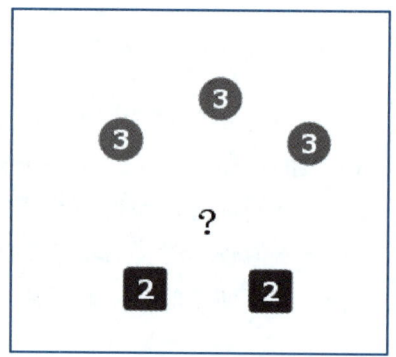

图 6-3　分类预测规则示意图

1）多数表决法。

每个邻近样本的权重是一样的。也就是说，最终预测的结果为出现类别最多的那个类。如图 6-3 所示，待预测样本被预测为圆。

2）加权多数表决法。

每个邻近样本的权重是不一样的，一般情况下采用权重和距离成反比的方式来计算。也就是说，最终预测结果是出现权重最大的那个类别。

如图 6-3 所示，圆到待预测样本的距离为 3，正方形到待预测样本的距离为 2，权重与距离成反比，所以正方形的权重比较大，待预测样本被预测为正方形。

（2）回归预测规则

一般采用平均值法或者加权平均值法。

图 6-4 中的 2 和 3 表示邻近样本的目标属性值（标签值），此时没有类别，只有属性值。

1）平均值法。

在平均值法中每个邻近样本的权重是一样的。也就是说，最终预测的结果为所有邻近样本的目标属性值的均值。如图 6-4 所示，均值为

$$(3+3+3+2+2)/5=2.6$$

2）加权平均值法。

在图 6-5 中，双箭头线上的数表示到待预测样本的距离。

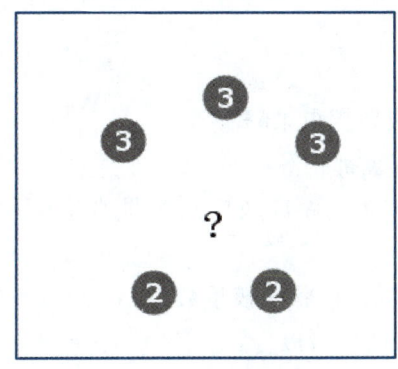

图 6-4　回归预测规则示意图

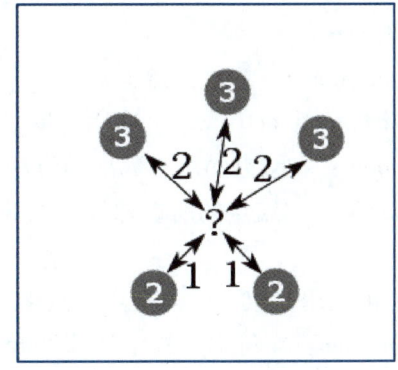

图 6-5　加权平均值法示意图

在加权平均值法中，每个邻近样本的权重是不一样的，一般情况下采用权重和距离成反比的方式来计算。也就是说，在计算均值的时候进行加权操作。权重（各自距离的反比占距离反比总和的比例）分别如下。

属性值为 3 的权重：

$$\frac{1}{7}=\frac{\dfrac{1}{2}}{\dfrac{1}{2}\times3+1\times2}$$

属性值为 2 的权重：

$$\frac{2}{7}=\frac{1}{\dfrac{1}{2}\times3+1\times2}$$

待预测样本的加权平均值为

$$3\times\frac{1}{7}\times3+2\times\frac{2}{7}\times2=2.43$$

6.3 k 近邻算法的 scikit-learn 实现

1. k 近邻算法分类

PPT: 6.3
k 近邻算法的
scikit-learn 实现

在 scikit-learn 中，利用 k 近邻算法进行分类处理是由类 sklearn. neighbors. KNeighbor-sClassifier 实现的。

sklearn. neighbors. KNeighborsClassifier(n_neighbors = 5 , weights = 'uniform' , algorithm = 'auto' ,
leaf_size = 30 , p = 2 , metric = 'minkowski' , metric_params = None , n_jobs = 1 , $**$ kwargs)

（1）模型参数

1）n_neighbors：整数，指定 k 值。

2）weights：字符串或者可调用对象，指定投票权重策略。

● 'uniform'：本结点的所有邻居结点的投票权重都相等。

● 'distance'：本结点的所有邻居结点的投票权重与距离成反比，即越近的结点，其投票权重越大。

● 一个可调用对象：传入距离的数组，返回同样形状的权重数组。

3）algorithm：字符串，指定计算最近邻的算法。可以为：

● 'ball_tree'：使用 BallTree 算法。

● 'kd_tree：使用 KDTree 算法。

● 'brute'：使用暴力搜索法。

● 'auto'：自动决定最合适的算法。

4）leaf_size：整数，指定 BallTree 或者 KDTree 叶结点规模。它影响了树的构建和查询速度。

5）metric：字符串，指定距离度量。默认为'minkowski'距离。

6）p：整数，指定在'Minkowski'度量上的指数。

如果 p = 1，对应于曼哈顿距离；如果 p = 2，对应于欧式距离。

7）n_jobs：并行度。

（2）模型方法

1）fit(X,y)：训练模型。

2）predict(X)：用模型进行预测，返回预测值。

3）score(X,y)：返回模型的预测性能得分。

4）predict_proba(X)：返回一个数组，数组的元素依次是 X 预测为各个类别的概率值。

笔记

5) kneighbors([X, n_neighbors, return_distance]): 返回样本点的近邻点。如果 return _distance=True, 同时还返回到这些近邻点的距离。

6) kneighbors_graph([X, n_neighbors, mode]): 返回样本点的近邻点的连接图。

2. k 近邻回归

在 scikit-learn 中, 利用 k 近邻算法进行回归预测是由类 sklearn. neighbors. KNeighborsRegressor 实现的。

```
sklearn. neighbors. KNeighborsRegressor(n_neighbors=5, weights='uniform', algorithm=
'auto', leaf_size=30, p=2, metric='minkowski', metric_params=None, n_jobs=None,
* * kwargs)
```

KneighborsRegressor 的参数和方法与 KneighborsClassifier 相同。

6.4 使用 k 近邻算法进行分类

1. 生成已标记的数据集

```
from sklearn. datasets. samples_generator import make_blobs

centers = [[-1, 1], [1, 1], [0, 2]]
X, y = make_blobs(n_samples=40, centers=centers, random_state=0, cluster_std=
0. 60)
```

利用 sklearn. datasets. samples_generator 包下的 make_blobs() 方法生成 40 (n_samples 指定) 个分布在以 centers 参数指定中心点周围的训练样本, 分布的松散程度由参数 cluster_std 指定。

使用 matplotlib 可视化训练样本。

```
%matplotlib inline
import matplotlib. pyplot as plt
import numpy as np


plt. figure(figsize=(16, 10))
c = np. array(centers)
plt. scatter(X[:, 0], X[:, 1], c=y, s=100, cmap='cool');
plt. scatter(c[:, 0], c[:, 1], s=100, marker='^', c='orange')
```

笔 记

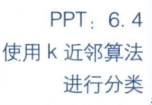

微课 6-2 使用 k 近邻算法进行分类

笔 记

生成训练集可视化结果如图 6-6 所示，图中三角形的点即为各个类别的中心点。

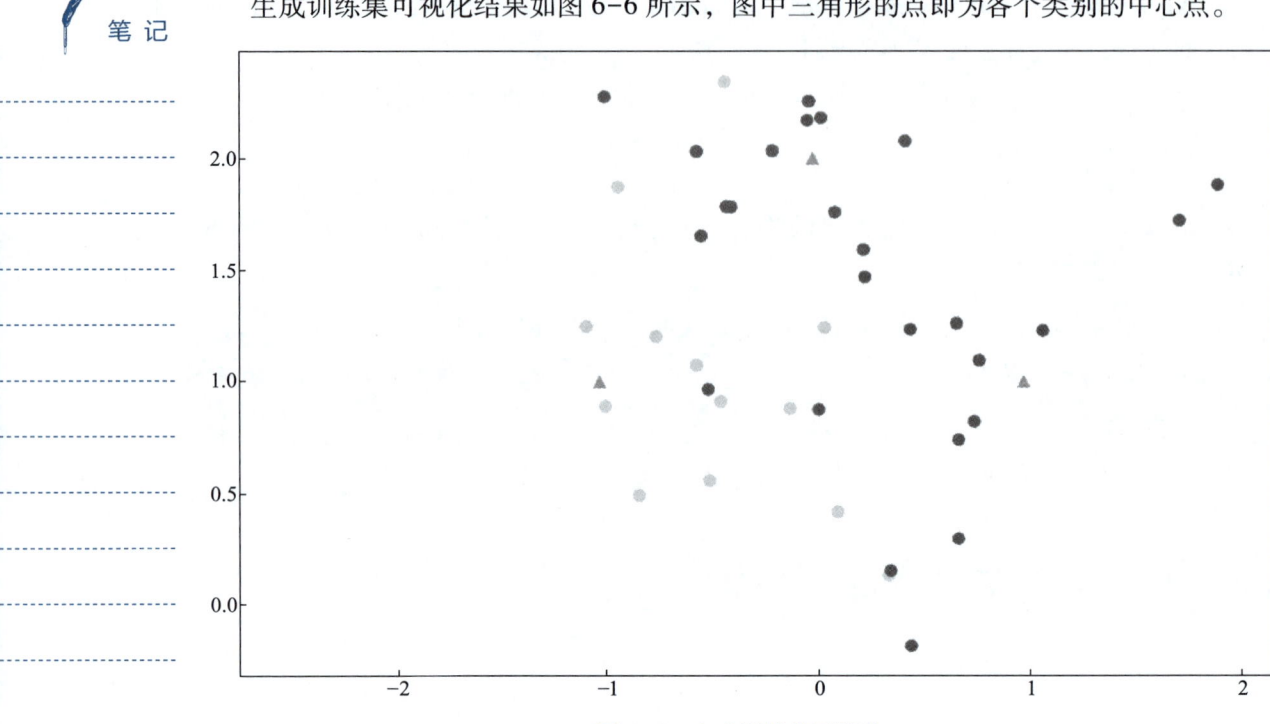

图 6-6　生成训练集可视化

2. 模型训练

使用 KneighborsClassifier 类对模型进行训练，k 值设置为 7，投票方式设置为 uniform，其他投票方式读者可自己练习。

```python
from sklearn. neighbors import KneighborsClassifier

k = 7
clf = KNeighborsClassifier( n_neighbors = k, weights = 'uniform')
clf. fit( X, y)
```

3. 模型预测

预测新样本，样本数据为 $[0, 1.4]$，使用 kneighbors( ) 方法，利用训练好的模型对新样本点数据进行预测，取出距离新样本点最近的 7 个样本点。

```python
X_sample = [0, 1.4]
X_sample = np. array( X_sample). reshape( 1, -1)
y_sample = clf. predict( X_sample);
neighbors = clf. kneighbors( X_sample, return_distance = False)
```

4. 结果可视化

标记新样本点和其距离最近的 7 个点，并绘制之间的连线。

```
plt. figure(figsize = (16, 10))
plt. scatter(X[:, 0], X[:, 1], c = y, s = 100, cmap = 'cool')
plt. scatter(c[:, 0], c[:, 1], s = 100, marker = '^', c = 'k')
plt. scatter(X_sample[0][0], X_sample[0][1], marker = "x",
            s = 100, cmap = 'cool')


for i in neighbors[0]:
    # 预测点与距离最近的 7 个样本的连线
    plt. plot([X[i][0], X_sample[0][0]], [X[i][1], X_sample[0][1]],
            'k--', linewidth = 0.6)
```

运行以上代码，新样本预测可视化结果如图 6-7 所示。

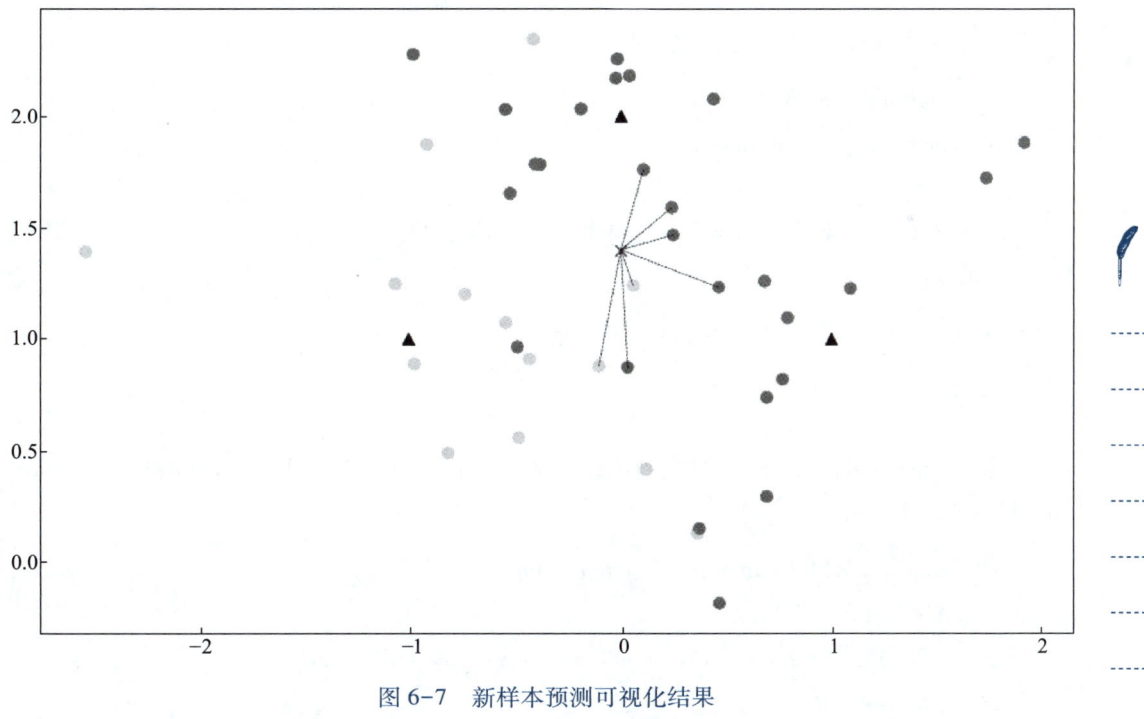

图 6-7　新样本预测可视化结果

从预测结果可以看出，距离最近的 7 个点分别是 3 个蓝色节点，2 个红色节点和 2 个天蓝色节点，根据参数表决法，新样本点可视为与中心节点[0,2]同类。

笔 记

6.5   使用 k 近邻算法进行回归预测

1. 生成数据集

PPT：6.5
使用 k 近邻算法
进行回归预测

利用 numpy 中的 sin( )方法构造正弦曲线，在此基础上添加噪声，生成训练数据。

```
import numpy as np


np. random. seed(0)
x = np. sort(5 * np. random. random(40))
X = x[:, np. newaxis]
y = np. sin(x)
# 添加噪声
y[::5] += 1 * (0.5 - np. random. random(8))
```

微课 6-3
使用 k 近邻
算法进行
回归预测

对生成训练数据集进行可视化。

```
import matplotlib as mpl
import matplotlib. pyplot as plt


plt. plot(X, y, c="r", ls="--", label="实际曲线")
plt. show( )
```

笔 记

运行以上代码，可视化结果如图 6-8 所示。

2. 模型训练

使用 KneighborsRegressor 类对模型进行训练，k 值设置为 5，投票方式设置为'distance'，其他投票方式读者可自己练习。

```
from sklearn. neighbors import KNeighborsRegressor


knn = KNeighborsRegressor(n_neighbors=5,weights='distance')
knn. fit(X, y)
```

3. 模型预测

利用 numpy 中 linspace( )方法生成 500 个[0,5]区间的测试数据，利用训练好的模型对测试数据进行预测。

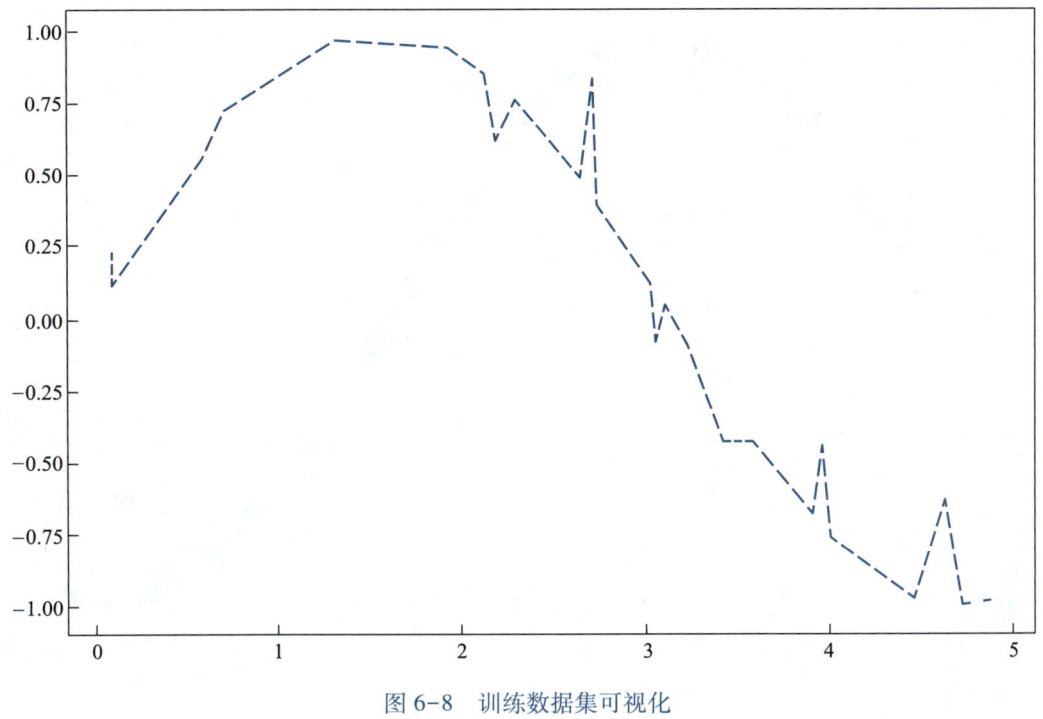

图 6-8　训练数据集可视化

```
test = np.linspace(0, 5, 500)[:, np.newaxis]
y_predict = knn.predict(test)
print(knn.score(X,y))
```

运行以上代码，结果如下。

0.9639580074451757

4. 结果可视化

绘制实际曲线和拟合曲线。

```
plt.scatter(X, y, c="b", label='样本数据')
plt.plot(test, np.sin(test), c="r", ls="--", label="实际曲线")
plt.plot(test, y_hat, c="g", label='预测曲线')
plt.axis('tight')
plt.legend()
plt.show()
```

代码运行结果如图 6-9 所示。

笔 记

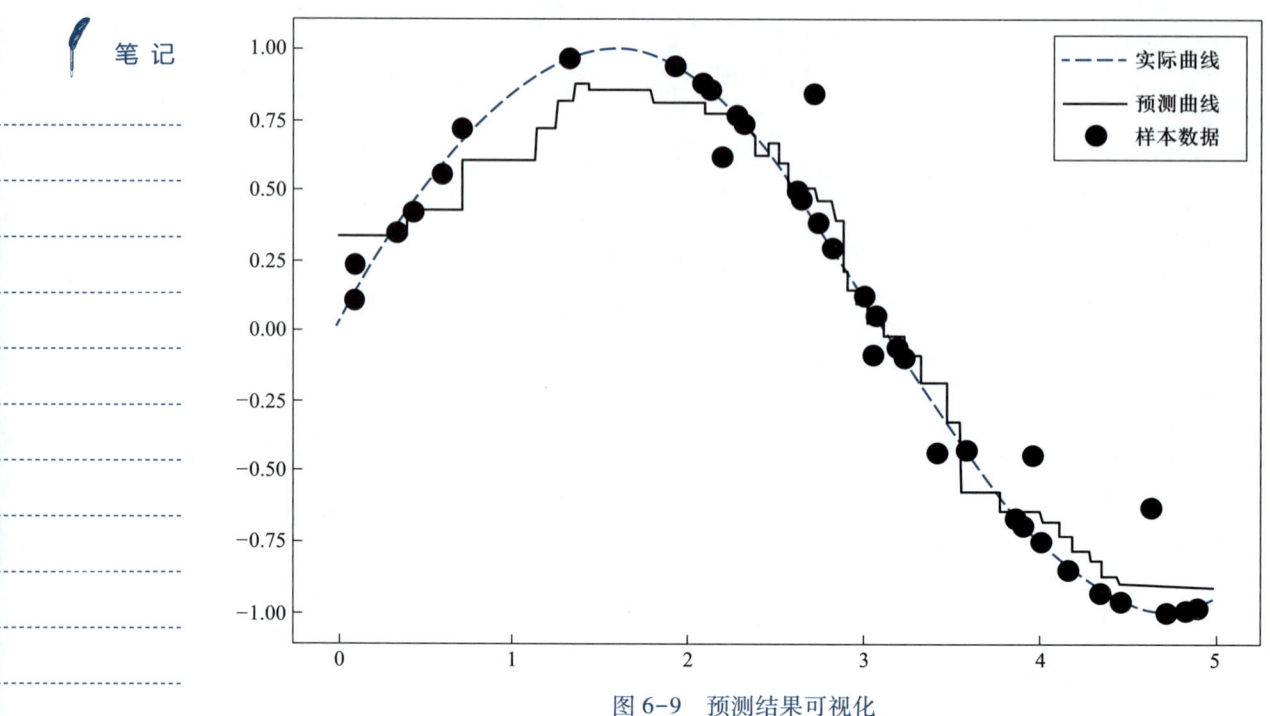

图 6-9   预测结果可视化

6.6 糖尿病预测

6.6.1 数据集描述

该数据集最初来自某糖尿病、消化与肾脏疾病研究所。数据集的目的是基于数据集中包含的某些诊断测量值来诊断预测患者是否患有糖尿病。数据集由 8 个医学预测变量和 1 个目标变量 Outcome 组成。预测变量包括患者怀孕次数和 BMI、胰岛素水平、年龄等。预测变量和目标变量定义如下：

Pregnancies：怀孕次数。

Glucose：葡萄糖测试值。

BloodPressure：血压。

SkinThickness：皮肤厚度。

Insulin：胰岛素水平。

BMI：身体质量指数。

DiabetesPedigreeFunction：糖尿病遗传函数。

Age：年龄。

Outcome：糖尿病标签，1 表示有糖尿病，0 表示没有糖尿病。

6.6.2　加载数据

1. 利用 pandas 中的 read_csv( )方法读入已下载的 diabetes.csv 数据文件。

```
import numpy as np
import pandas as pd

diabetes_data = pd.read_csv('datasets/diabetes.csv')
print(f"diabetes data shape:{diabetes_data.shape}")
diabetes_data.head()
```

代码运行结果如下：

diabetes data shape:(768, 9)

	Pregnancies	Glucose	Blood Pressure	Skin-Thickness	Insulin	BMI	Diabetes Pedigree Function	Age	Outcome
0	6	148	72	35	0	33.6	0.627	50	1
1	1	85	66	29	0	26.6	0.351	31	0
2	8	183	64	0	0	23.3	0.672	32	1
3	1	89	66	23	94	28.1	0.167	21	0
4	0	137	40	35	168	43.1	2.288	33	1

从结果可以看出，总共有 768 个样本，每个样本包含 8 个特征和 1 个标记值。

2. 查看标签分布

使用柱状图统计 outcome 值为 0 和 1 的个数。

```
print(diabetes_data.Outcome.value_counts())

# 使用柱状图的方式画出标签个数统计
p=diabetes_data.Outcome.value_counts().plot(kind="bar")
```

代码运行结果如下：

```
0    500
```

笔 记

1   268
Name：Outcome，dtype：int64

其中，未得糖尿病样本 500 个，有糖尿病样本 268 个，如图 6-10 所示。

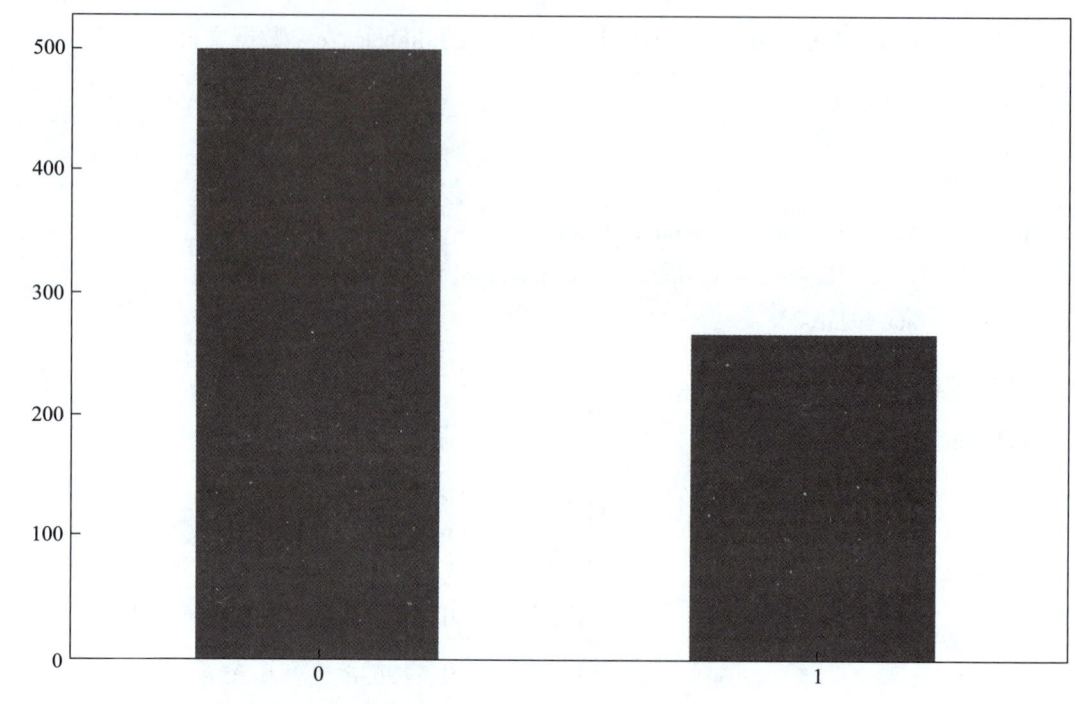

图 6-10　标签分布图

3. 查看数据信息

diabetes_data. info（verbose＝True）

代码运行结果如下：

<class 'pandas. core. frame. DataFrame'>
RangeIndex：768 entries，0 to 767
Data columns（total 9 columns）：
Pregnancies   768 non-null int64
Glucose   768 non-null int64
BloodPressure   768 non-null int64
SkinThickness   768 non-null int64
Insulin   768 non-null int64
BMI   768 non-null float64

DiabetesPedigreeFunction	768 non-null float64
Age	768 non-null int64
Outcome	768 non-null int64

dtypes：float64(2)，int64(7)

memory usage：54.1 KB

从结果可以看到共有 768 个数据，并且所有的特征和标签都是 768 个值，没有缺失数据。

6.6.3　划分数据集

把数据中的 8 个特征值和目标值分离出来分别作为数据集的特征和标签，然后按 3∶7 将数据集划分为测试集和训练集。

```
from sklearn. model_selection import train_test_split

X = diabetes_data. drop("Outcome",axis = 1)
y = diabetes_data. Outcome
X_train,X_test,y_train,y_test = train_test_split(X,y,test_size=0.3, stratify=y)
```

其中，stratify＝y 表示切分后训练集和测试集中的数据类型的比例与切分前 y 中的比例一致。

6.6.4　模型训练

利用 sklearn 提供的 KneighborsClassifier 类，分别设置 weights 为 uniform 和 distance，k 值分别取 1～29 进行模型训练，并记录在测试集上得分最高的 k 值，代码如下。

```
from sklearn. neighbors import KNeighborsClassifier

k_best = []
for weight in ["uniform", "distance"]:
    # 保存不同 k 值测试集准确率
    test_scores = []
    # 保存不同 k 值训练集的准确率
    train_scores = []
    k = 30
    for i in range(1, k):
```

笔记

```
        knn = KNeighborsClassifier(i, weights = weight)
        knn.fit(X_train, y_train)
        train_scores.append(knn.score(X_train, y_train))
        test_scores.append(knn.score(X_test, y_test))
plt.title(f'k-NN with {weight} Varying number of neighbors')
plt.plot(range(1,k), test_scores, label = "Test")
plt.plot(range(1,k), train_scores, label = "Train")
plt.legend()
plt.xticks(range(1,k))
plt.xlabel('k')
plt.ylabel('accuracy')
plt.show()
k_best.append(np.argmax(test_scores)+1)
```

运行以上代码，结果如图 6-11 和图 6-12 所示。

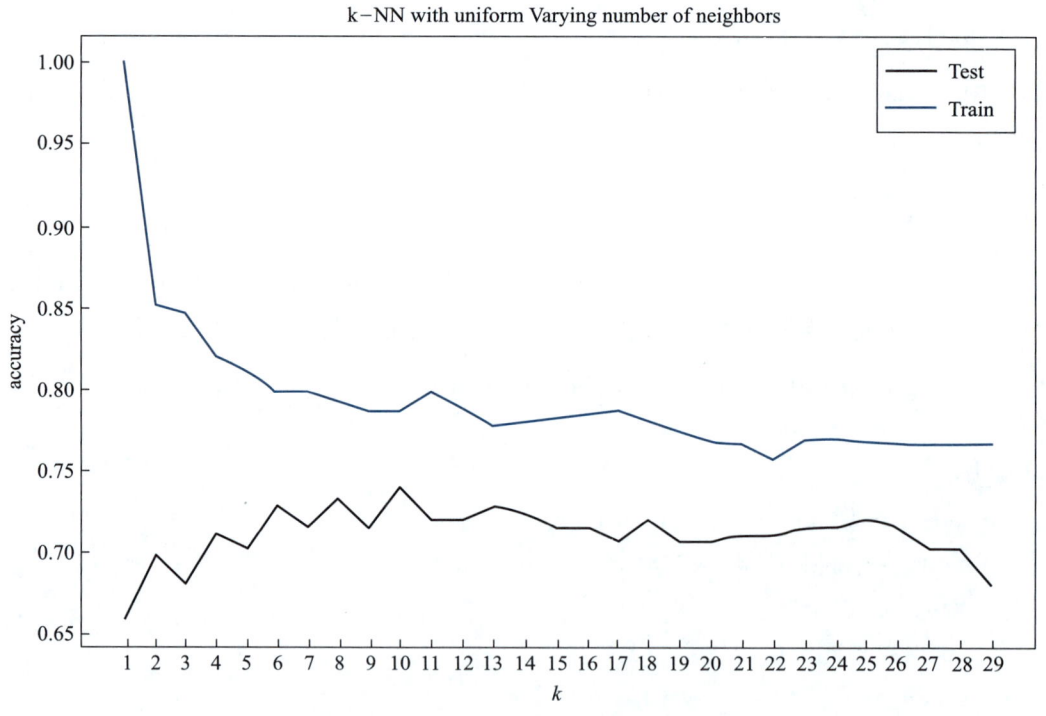

图 6-11   weights 为 uniform 时的模型训练结果

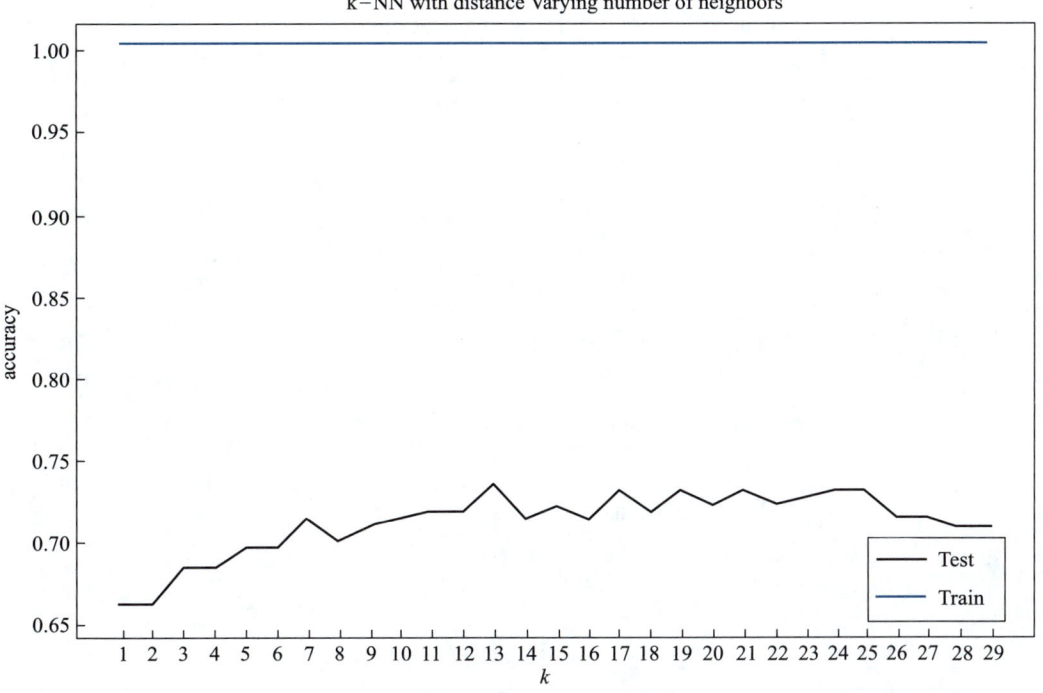

图 6-12 weights 为 distance 时的模型训练结果

6.6.5 模型评估

通过 sklearn 给定的 confusion_matirx 类和 classification_report 类查看模型性能指标，代码如下。

```
from sklearn. metrics import confusion_matrix
from sklearn. metrics import classification_report

for i, weight in enumerate([ "uniform", "distance" ]):
    knn = KNeighborsClassifier( k_best[ i ], weight)
    knn. fit( X_train, y_train)
    knn. score( X_test, y_test)
    y_pred = knn. predict( X_test)
    print( classification_report( y_pred, y_test) )
```

运行以上代码，结果如下。

笔 记

笔记

	precision	recall	f1-score	support
0	0.93	0.78	0.84	179
1	0.51	0.79	0.62	52
accuracy			0.78	231
macro avg	0.72	0.78	0.73	231
weighted avg	0.83	0.78	0.79	231

	precision	recall	f1-score	support
0	0.89	0.80	0.84	167
1	0.58	0.73	0.65	64
accuracy			0.78	231
macro avg	0.73	0.77	0.74	231
weighted avg	0.80	0.78	0.79	231

6.7 本章小结

　　本章主要介绍了 k 近邻算法。它是一种既可用于分类，也可用于回归的简单而强大的模型。算法原理简单、易于理解、易于实现，无须估计参数及训练，算法复杂度低，适合类域交叉样本及大样本自动分类。但 k 近邻算法是一种惰性学习模型，输出可解释性不强，进行分类时计算量大。

习题

文本：参考答案

　　1. k 近邻算法在（　　）情况下效果较好。

　　A. 样本较多但典型性不好

　　B. 样本较少但典型性好

　　C. 样本呈团状分布

　　D. 样本呈链状分布

　　2. 下列距离度量不在 k 近邻算法中体现的是（　　）。

A. 欧氏距离

B. 切比雪夫距离

C. 曼哈顿距离

D. 余弦相似度

3. k 近邻算法的缺点是（　　　）。

A. 对异常值不敏感

B. 需要的内存非常少

C. 低精度

D. 计算成本高

4. 下列关于 k 近邻算法的描述中，不正确的是（　　　）。

A. 可以用于分类

B. 可以用于回归

C. 距离度量的方式通常用曼哈顿距离

D. k 值一般选择一个较小的值

5. 影响 k 近邻算法效果的主要因素包括（　　　）（多选题）。

A. 距离度量方式

B. 最邻近数据的距离

C. 决策规则

D. k 值

第 7 章　支持向量机

支持向量机（Support Vector Machine，SVM）是一种分类算法，在工业界和学术界都有广泛的应用。特别是针对数据集较小的情况下，往往其分类效果比神经网络好。

7.1　问题引入

PPT：7.1 问题引入

笔记

假设有一门机器学习课程，指导老师发现擅长数学或者统计学的学生能够更好地掌握机器学习知识。一直以来，老师收集了所有学生的成绩，然后每个学生的机器学习成绩都有一个标签，标签的内容只有两类，一个是"好"，一个是"坏"。

现在，老师希望找到数学和统计学分数与机器学习课程分数的关系，从而有可能根据发现来设置一些先修课程。老师该怎么做呢？

首先从收集的数据开始，绘制一个二维图，其中一个轴表示数学成绩，另外一个轴表示统计学成绩，学生的机器学习成绩表示为图中的一个点（点的颜色或红或绿，表示"好"或者"坏"），如图 7-1 所示。

当一个学生申请注册课程的时候，老师会让该学生提供数学和统计学的成绩。基于已有的数据，预测该学生的机器学习成绩。

现在需要一种算法，算法的输入是数学成绩和统计学成绩(math_score, stats_score)，算法的输出是一个红点或者绿点，即两种标签中的一种。

在本例中，可以采用线性划分的方式作为算法。根据输出点在分割线的哪一边来判断属于哪个分类。

这条分割线称为决策边界（分类器），图 7-2 展示的是对于该问题的两种决策边界。

从机器学习优化的角度分析，上面两个分类器都可以进行划分，那么到底哪个是更好的分类器呢？

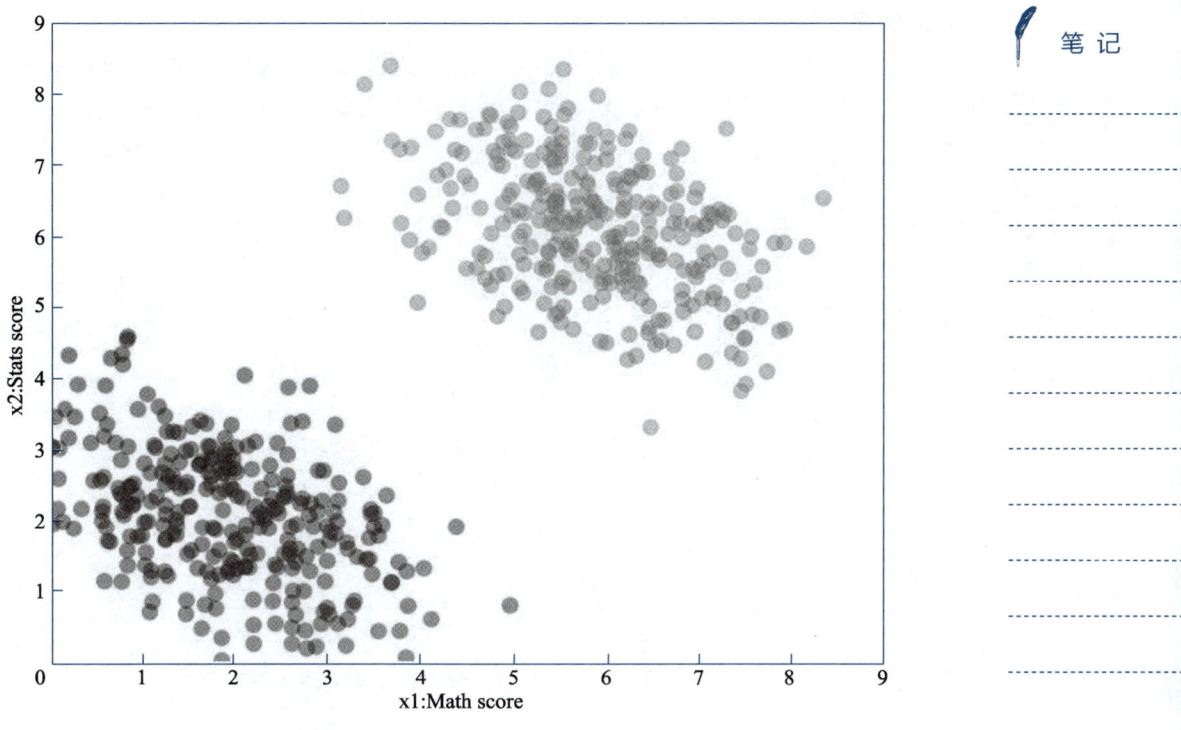

图 7-1 学生成绩分布图

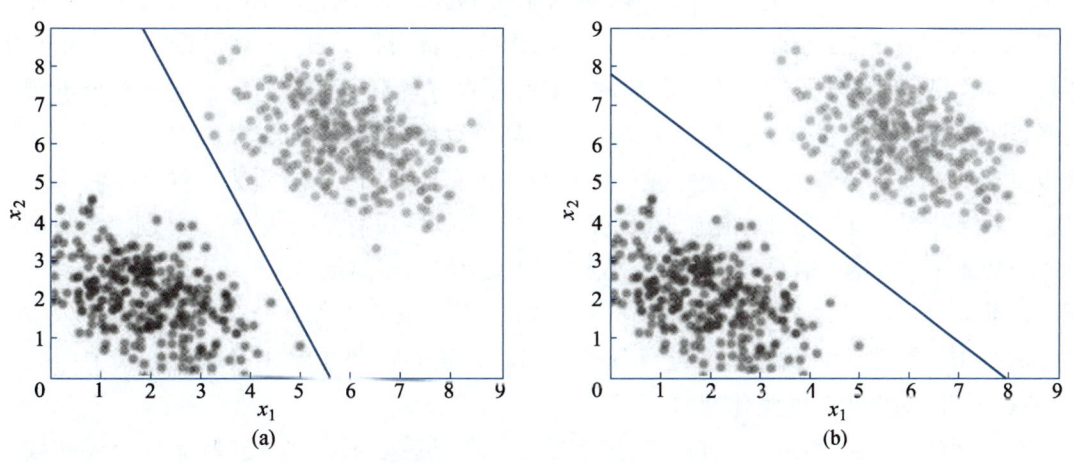

图 7-2 学生成绩分类示意图

7.2 最优决策边界

如上所述，如果一个数据集是二维平面上的线性可分数据集，那么它的决策边界就是一条简单的直线。能将所有训练数据正确划分的直线有且不止一条。事实上，像这样

PPT：7.2
最优决策边界
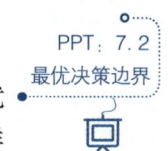

笔 记

的能正确划分数据的直线有无数条。

在这些直线中，哪一条是最好的呢？这里抛开复杂的数学证明，而是通过直观的几何视角来解释：如图 7-3 所示，直线 H_2 和直线 H_3 能不出任何错误地完成分类，那么在不存在关于数据的其他信息的情况下，应选择 H_2 还是 H_3 作为最优决策边界呢？

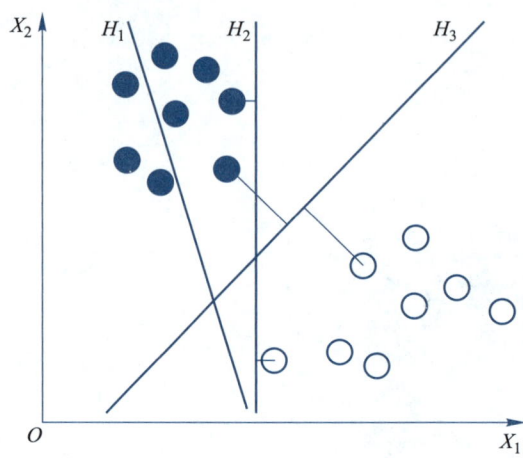

图 7-3　二维线性可分数据集决策边界示意图

可以把不同颜色的原点想象成正在交战的两支军队，现在双方要停火休战，自然要划出一条停火线，以及由停火线延伸出来的非交战区。如果你是深色方的司令官，那就断然不会选择 H_1 作为停火线，因为它直接把你的一部分阵地拱手送给了对方。既然 H_1 不行，那么 H_2 行不行呢？这样一条停火线能保证双方各自坚守阵地，看起来是个不错的选择。可问题在于它离双方的阵地太近，双方都可以偷偷地穿越非交战区并越过停火线，在被发现之前就神不知鬼不觉地完成任务偷袭并且安全返回。如此看来，停火线就只有 H_3 了，它既保证了所有士兵都驻扎在自己的阵地中（数据中没有分类错误），又划定出足够宽阔的非交战区，杜绝了偷袭的可能性（数据与决策边界的距离足够大）。

从前面的学习可以知道，对训练集数据的分割效果并不能评价一个分类器的好坏，最终需要用分类器对测试集数据进行分类。因此，我们希望能够在训练集数据中捕获一般模式，从而获得较好的泛化能力。

在上面的二分类问题中，边界 H_2 过于靠近一些训练数据，那么这些靠近边界的数据受噪声或干扰影响时，得到的真实数据就更容易从一个类别跳到另外一个类别，导致分类错误和泛化性能下降。相比之下，边界 H_3 距离两侧的数据都比较远，如果这些数据点要从 H_3 的一侧跳到另一侧，它们要跨越的距离就会更大，跳过去的难度也就大多了。直观的几何意义告诉我们，位于不同类别数据正中间的决策边界对样本扰动的容忍度最高，在未知数据上的泛化性能也就最好。那么问题来了：什么样的超平面才算"正中间"呢？

正中间的超平面实际上就是几何意义上最优的决策边界。仍以二维平面为例，如图 7-4 所示。

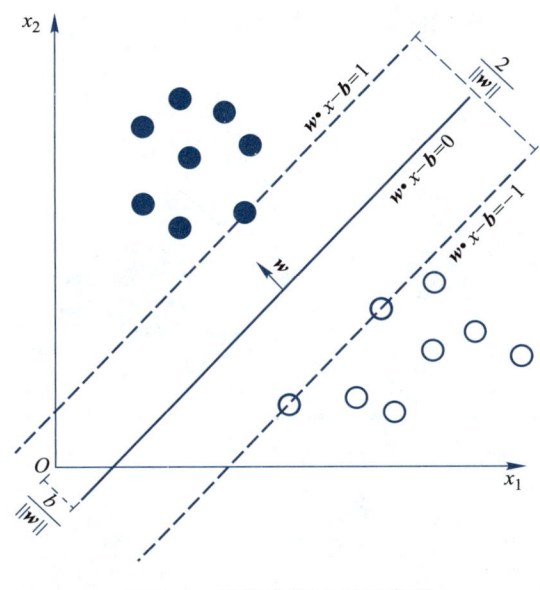

图 7-4　最优决策边界示意图

假设存在能够将数据完全区分开来的两条平行线，所有正类数据点都在这两条平行线的一侧，所有负类数据点则在平行线的另一侧。更重要的是，要让这两条平行线中的一条经过一个正类点，另一条则经过一个负类点。不难发现，这两个点就是欧氏距离最近的两个异类点了。接下来，让这两条平行线以它们各自经过的异类点为不动点进行旋转，同时保证平行关系和分类特性不变。在旋转的过程中，两个不动点之间的欧氏距离是不变的，但两条线的斜率一直在改变，因此平行线之间的距离也会不断变化。当其中一条直线经过第二个数据点时，两条直线之间的距离就会达到最大值。这时，这两条平行线中间的直线就是最优决策边界。

如果将最优决策边界看成一扇双向的推拉门，把这扇门向两个方向推开就相当于两条平行线的距离逐渐增加。当这两扇门各自接触到支持向量时停止移动，留下来的门缝就是两个类别之间的间隔。

7.3　非线性可分数据

前面的章节已经介绍了支持向量机在完全线性可分以及几乎完全线性可分两种情况的处理。那么，对于完全不能线性可分的数据该如何处理呢？然而在真实世界中的很多问题都是线性不可分的，在这种情况下，找到一个分割超平面是不切实际的。图 7-5 所示是一个非线性可分数据应用 SVM 的例子。

在训练集上最高只有 75% 的准确率，而且分割线穿过了某些数据。SVM 能够做的可不止这些。我们现在具备一个寻找超平面的技术，但是没有线性可分的数据。该怎么办

PPT：7.3
非线性可分数据

呢？答案是将非线性可分的数据映射到一个线性可分的空间，如图 7-6 所示，在这个空间找超平面。

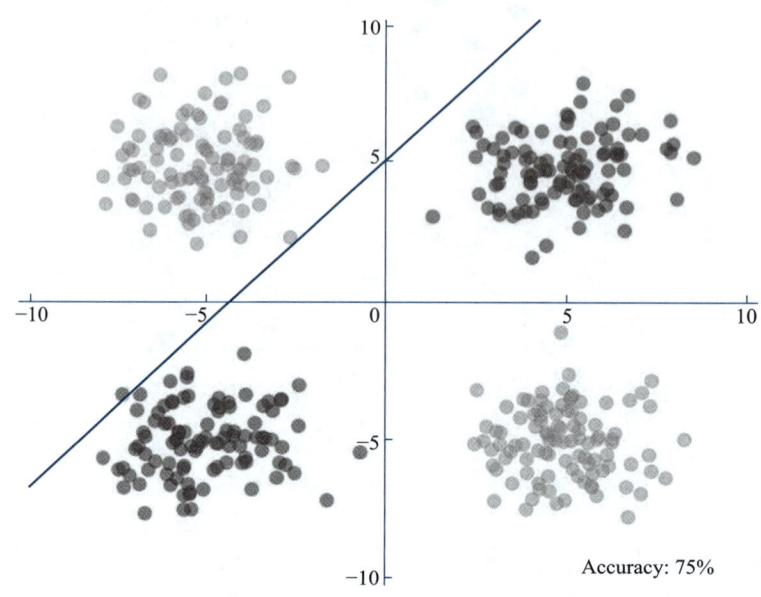

图 7-5   非线性可分数据应用 SVM 示意图

✒ 笔 记

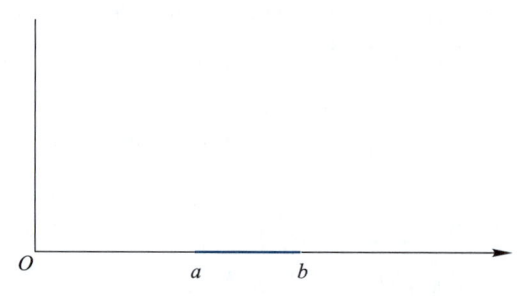

图 7-6   非线性可分数据示意图

把图 7-6 横轴上端点 a 和 b 之间的所有点定为正类，其余两边部分中的点定为负类。试问：能找到一个线性函数把两类正确分开么？不能，因为二维空间的线性函数就是指直线，显然找不到符合条件的直线。

但可以找到一条曲线，例如图 7-7 中的曲线。

显然，通过点在这条曲线的上方或是下方就可以判断点所属的类别。这条曲线就是我们熟知的二次曲线，它的函数表达式可以写为

$$g(x) = c_0 + c_1 x + c_2 x^2$$

问题只是它不是一个线性函数，但是下面要注意，新建一个向量 $\boldsymbol{y}$ 和 $\boldsymbol{a}$。

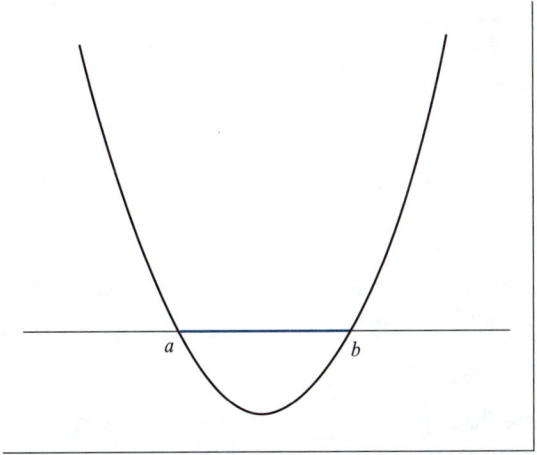

图 7-7　非线性可分数据映射到线性可分空间示意图

$$\boldsymbol{y}=\begin{bmatrix} y_1 \\ y_2 \\ y_3 \end{bmatrix}=\begin{bmatrix} 1 \\ x \\ x^2 \end{bmatrix},\ \boldsymbol{a}=\begin{bmatrix} a_1 \\ a_2 \\ a_3 \end{bmatrix}=\begin{bmatrix} c_0 \\ c_1 \\ c_2 \end{bmatrix}$$

这样 $g(x)$ 就可以转化为 $f(y)=<a,y>$，把 y 和 a 分别回代一下，实际上 $f(\boldsymbol{y})$ 的形式就是

$$g(x)=f(\boldsymbol{y})=\boldsymbol{ay}$$

在任意维度的空间，这种形式的函数都是一个线性函数（只不过其中的 $\boldsymbol{a}$ 和 $\boldsymbol{y}$ 都是多维向量罢了），因为自变量 $\boldsymbol{y}$ 的次数不大于 1。

经过转化，原来在二维空间中一个线性不可分的问题，映射到四维空间后，变成了线性可分的。因此，这也形成了最初想解决线性不可分问题的基本思路——向高维空间转化，使其变得线性可分。而转化最关键的部分在于找到 x 到 $\boldsymbol{y}$ 的映射方法。遗憾的是，如何找到这个映射，没有系统性的方法。

事实证明，这种转化可能会带来很大的计算成本：可能会出现很多新的维度，而每一个都可能带来复杂的计算。为数据集中的所有向量做这种操作会带来大量的工作，所以寻找一个更简单的方法非常重要。

7.4　核函数

PPT：7.4
核函数

7.4.1　核函数定义

SVM 最令人惊奇的一点在于它所运用到的所有数学理论，确切的映射过程以及映射空间的维度都是不可见的。不过，可以用向量形式的数据做点积的形式来理解这个映射过程。对于一个 p 维向量 $\boldsymbol{x}_i$ 和 $\boldsymbol{x}_j$，其中向量中元素的第一个下标表示数据，第二个下标表示所在维度，示例如下：

$$\boldsymbol{x}_i = (x_{i1}, x_{i2}, \cdots, x_{ip})$$
$$\boldsymbol{x}_j = (x_{j1}, x_{j2}, \cdots, x_{jp})$$

微课 7-3
核函数

点积表示如下：

$$\boldsymbol{x}_i \cdot \boldsymbol{x}_j = x_{i1}x_{j1} + x_{i2}x_{j2} + \cdots + x_{ip}x_{jp}$$

假设数据集中有 n 个点，SVM 只需要通过向量两两做点积就可以找到一个分类器，仅此而已。将数据映射到高维空间也是如此，不需要提供确切的映射函数给 SVM，只需要提供在映射空间中向量两两之间的点积即可。

SVM 中的核就可以实现这样的功能。核是核函数的简称，这个函数的输入是两个原始空间的数据点，直接输出映射空间中两个向量的点积。

这就是核函数的技巧，它可以减少大量的计算资源需求。通常，内核是线性的，所以得到了一个线性分类器。但如果使用非线性内核，可以在完全不改变数据的情况下得到一个非线性分类器：只需改变点积为我们想要的空间，SVM 就会对它忠实地进行分类。

简单地说，核函数是计算两个向量在隐式映射后空间中的内积的函数。核函数通过先对特征向量做内积，然后用函数 K 进行变换，这有利于避开直接在高维空间中计算，大大简化问题求解，并且这等价于先对向量做核映射然后再做内积。

7.4.2　常见核函数类型

笔 记

在实际应用中，通常会根据问题和数据的不同，选择不同的核函数。例如，常用的核函数见表 7-1。

表 7-1　常见核函数

名　　称	计算表达式
线性核函数	$K(x_1, x_2) = \langle x_1, x_2 \rangle$
多项式核函数	$K(x_1, x_2) = (\langle x_1, x_2 \rangle + R)^d$
高斯核函数	$K(x_1, x_2) = \exp(-\|x_1 - x_2\|^2 / 2\sigma^2)$

线性核函数，就是简单原始空间中的内积。

多项式核函数，可根据 R 和 d 的取值不同，而有不同的计算式。

高斯核函数，可根据实际需要灵活选取参数 σ，甚至还可以将原始维度空间映射到无穷维度空间。不过，如果 σ 取值很大，会导致高次特征上的权重衰减快；如果 σ 取值很小，其好处是可以将任意的数据映射成为线性可分，但容易造成过拟合现象。

高斯核函数是非常经典，也是使用最广泛的核函数之一。图 7-8 是把低维线性不可分的数据通过高斯核函数映射到了高维空间的示例图。

笔 记

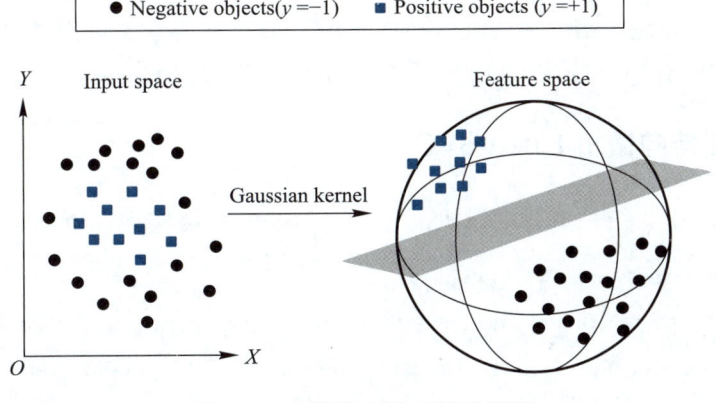

图 7-8　高斯核函数映射示例图

至此，已经知道核函数不使用显式的计算核映射，并且能够很好地解决线性不可分问题。在实际应用中，如果训练样本数量大，经训练后得出的模型中支持向量的数量会有很多，利用该模型进行新样本预测时，需要先计算新样本与每个支持向量的内积，然后做函数 K 转换，耗时长、速度慢。

7.4.3　核函数的选择

在选取核函数解决实际问题时，通常采用的方法有：一是利用专家的先验知识预先选定核函数；二是采用 Cross-Validation 方法，即在进行核函数选取时，分别试用不同的核函数，归纳误差最小的核函数就是最好的核函数。

7.5　scikit-learn 中的支持向量机

PPT：7.5
scikit-learn 中
的支持向量机

scikit-learn 中 SVM 的算法库分为两类：一类是分类的算法库，包括 SVC、NuSVC 和 LinearSVC 这 3 个类；一类是回归算法库，包括 SVR、NuSVR 和 LinearSVR 这 3 个类。相关的类都封装在 sklearn. svm 模块中。

对于 SVC、NuSVC 和 LinearSVC 这 3 个分类中的类，SVC 和 NuSVC 差不多，区别仅仅在于对损失的度量方式不同，而 LinearSVC 从名字就可以看出，它是线性分类，不支持各种低维到高维的核函数，仅支持线性核函数，对线性不可分的数据不能使用。

对于 SVR、NuSVR 和 LinearSVR 这 3 个回归的类，SVR 和 NuSVR 差不多，区别也仅仅在于对损失的度量方式不同。LinearSVR 是线性回归，只能使用线性核函数。

使用这些类的时候，如果有经验知道数据是线性可以拟合的，那么使用 LinearSVC 分

笔记

类或者 LinearSVR 回归，它们不需要调参去选择各种核函数以及对应参数，速度也快。如果对数据分布没有什么经验，一般使用 SVC 分类或者 SVR 回归，这就需要选择核函数以及对核函数调参。

如果对训练集训练的错误率或者支持向量的百分比有要求，可以选择 NuSVC 分类和 NuSVR 回归。它们有一个参数来控制百分比。下面主要讲解 LinearSVC 与 SVC。

7.5.1 线性支持向量机 LinearSVC

在 scikit-learn 中，线性支持向量机由 SVM. LinearSVC 类实现，原型定义如下。

> class sklearn. svm. LinearSVC(penalty = 'l2',
> loss = 'squared_hinge', dual = True, tol = 0. 0001, C = 1. 0, multi_class = 'ovr', fit_intercept = True, intercept_scaling = 1, class_weight = None, verbose = 0, random_state = None, max_iter = 1000)

（1）模型参数

1）C：目标函数的惩罚系数，用来平衡分类间隔 margin 和错分样本，默认为 1.0。一般来说，如果噪声较多时，C 需要小一些。

2）loss：指定损失函数，有'hinge'和'squared_hinge'两个选项，前者又称 L1 损失，后者称为 L2 损失，默认是'squared_hinge'，其中 hinge 是 SVM 的标准损失，squared_hinge 是 hinge 的平方。

3）penalty：仅对线性拟合有意义，可以选择'l1'（即 L1 正则化）或者'l2'（即 L2 正则化）。默认 L2 正则化，如果需要产生稀疏的系数，可以选 L1 正则化，这和线性回归中的 Lasso 回归类似。

4）dual：选择算法来解决对偶或原始优化问题。如果样本量比特征数多，此时采用对偶形式计算量较大，推荐 dual 设置为 False，即采用原始形式优化。

5）tol：（default = 1e - 3）：SVM 结束标准的精度。

6）multi_class：如果 y 输出类别包含多类，用来确定多类策略。'ovr'表示一对多，'crammer_singer'优化所有类别的一个共同的目标。' crammer_singer' 是一种改良版的'ovr'，说是改良，但是没有比'ovr'好，一般在应用中都不建议使用。如果选择'crammer_singer'，损失、惩罚和优化将会被忽略。'ovr'的分类原则是将待分类中的某一类当作正类，其他全部归为负类，通过这样求取得到每个类别作为正类时的正确率，取正确率最高的那个类别为正类；'crammer_singer'是直接针对目标函数设置多个参数值，最后进行优化，得到不同类别的参数值大小。

7）class_weight：指定样本各类别的权重，主要是防止训练集某些类别的样本过多，导致训练的决策过于偏向这些类别。这里可以自己指定各个样本的权重，或者用 balanced，如果使用 balanced，则算法会自己计算权重，样本量少的类别所对应的样本权重会高。当然，如果样本类别分布没有明显的偏倚，则可以选择默认的 None。

8）verbose：跟多线程有关。

（2）模型属性

1）coef_：权重向量。

2）intercept_：截距值。

（3）模型方法

1）fit（X，y）：训练模型。

2）predict（X）：用模型进行预测，返回预测值。

3）score（X，y［，sample_weight］）：返回模型的预测性能得分。

7.5.2　支持向量机

在 scikit-learn 中，线性支持向量机由 SVM. SVC 类实现。模型定义如下。

class sklearn. svm. SVC（C=1.0，kernel='rbf'，degree=3，gamma='auto'，coef0=0.0，shrinking=True，probability=False，tol=0.001，cache_size=200，class_weight=None，verbose=False，max_iter=−1，decision_function_shape='ovr'，random_state=None）

（1）模型参数

1）C：同 LinearSVC。

2）kernel：参数选择有 rbf、linear、poly 和 sigmoid，默认的是 rbf；'linear'即线性核函数，'poly'即多项式核函数，'rbf'即高斯核函数，'sigmoid'即 sigmoid 核函数。如果选择了这些核函数，对应的核函数参数需要单独进行调参。

3）degree：如果 kernel 参数使用了多项式核函数'poly'，那么就需要对这个参数进行调参。这个参数对应 $K(x,z)=(\gamma x \cdot z+r)d$ 中的 d，默认为 3，一般需要通过交叉验证选择一组合适的 γ，r，d。

4）gamma：核函数的系数（'poly'，'rbf' and 'sigmoid'），默认是 gamma $= \frac{1}{特征维度}$；如果在 kernel 参数使用了多项式核函数 'poly'，高斯核函数'rbf'或者'sigmoid'核函数，那么就需要对这个参数进行调参。多项式核函数中这个参数对应 $K(x,z)=(\gamma x \cdot z+r)d$ 中的 γ，一般需要通过交叉验证选择一组合适的 γ，r，d；高斯核函数中这个参数对应 $K(x,z)=\exp(-\gamma\|x-z\|2)$ 中的 γ，一般需要通过交叉验证选择合适的 γ；sigmoid 核函数中这个参数对应 $K(x,z)=\tanh(\gamma x \cdot z+r)$ 中的 γ，一般需要通过交叉验证选择一组合适的 γ，r；γ 默认为'auto'，即 $\frac{1}{特征维度}$。

5）coef0：核函数中的独立项，'rbf'和'poly'有效；coef0 默认为 0。如果在 kernel 参数中使用了多项式核函数'poly'或者 sigmoid 核函数，那么就需要对这个参数进行调参。多项式核函数中这个参数对应 $K(x,z)=(\gamma x \cdot z+r)d$ 中的 r，一般需要通过交叉验证选择一组合适的 γ，r，d；sigmoid 核函数中这个参数对应 $K(x,z)=\tanh(\gamma x \cdot z+r)$ 中的 r，一般需要通过交叉验证选择一组合适的 γ，r。

6）probability：可能性估计是否使用（true or false）。

笔记

7）shrinking：是否进行启发式。

8）tol（default = 1e − 3）：SVM 结束标准的精度。

9）cache_size：制定训练所需要的内存（以 MB 为单位）；在大样本的时候，缓存大小会影响训练速度，因此如果机器内存空间大，推荐用 500 MB 甚至 1000 MB。默认是 200 MB。

10）class_weight：同 LinearSVC。

11）verbose：同 LinearSVC。

12）max_iter：最大迭代次数，默认为 1，if max_iter = −1，no limited。

13）decision_function_shape：ovo，即一对一；ovr，即多对多；None，即无，默认为 None。

14）random_state：用于概率估计的数据重排时的伪随机数生成器的种子。

（2）模型属性

1）support_：一个数组，形状为 [n_SV]，给出支持向量的下标。

2）support_vectors_：一个数组，形状为 [n_SV, n_features]，给出支持向量。

3）n_support_：一个数组，形状为 [n_class]，给出每一个分类的支持向量的个数。

4）dual_coef_：一个数组，形状为 [n_class−1, n_SV]，给出对偶问题中每个支持向量的系数。

5）coef_：一个数组，形状为 [n_class−1, n_features]，给出原始问题中每个特征的系数。

① 只有在 linear kernel 中有效。

② 只读属性，由 dual_coef_ 和 support_vectors_ 计算而来。

6）intercept_：一个数组，形状为 [n_class * (n_class−1) / 2]，给出决策函数中的常数项。

（3）模型方法

1）fit(X, y[, sample_weight])：训练模型。

2）predict(X)：用模型进行预测，返回预测值。

3）score(X, y[, sample_weight])：返回模型的预测性能得分。

4）predict_log_proba(X)：返回一个数组，数组的元素依次是 X 预测为各个类别的概率的对数值。

5）predict_proba(X)：返回一个数组，数组的元素依次是 X 预测为各个类别的概率值。

7.5.3 调参建议

1）一般推荐在进行训练之前对数据进行归一化，当然测试集中的数据也需要归一化。

2）在特征数非常多的情况下，或者样本数远小于特征数的时候，使用线性核，效果已经很好，只需要选择惩罚系数 C 即可。

3）在选择核函数时，如果线性拟合不好，一般推荐使用默认的高斯核'rbf'。这时主要需要对惩罚系数 C 和核函数参数 γ 进行调参，通过多轮交叉验证选择合适的惩罚系数 C 和核函数参数 γ。

4）理论上高斯核不会比线性核差，但是需要花费更多的时间来调参。所以实际上能用线性核解决问题尽量使用线性核。

5）degree 越大，分类器越灵活。但太大会出现过拟合。

7.6　鸢尾花分类

PPT：7.6
鸢尾花分类

7.6.1　数据集描述

Iris 鸢尾花数据集是一个经典数据集，在统计学习和机器学习领域都经常被用作示例。数据集包含 3 类共 150 条记录，每类各 50 条记录，每条记录都有 4 个特征：花萼长度、花萼宽度、花瓣长度、花瓣宽度，可以通过这 4 个特征预测鸢尾花卉属于 iris-setosa、iris-versicolour、iris-virginica 中的哪一个品种。

微课 7-4
鸢尾花分类

scikit-learn 自带有 Iris 数据集。

7.6.2　加载数据

加载数据代码如下。

```
from sklearn import datasets

iris = datasets.load_iris()
X = iris.data
y = iris.target
print(X.shape)
print(y.shape)
```

输出显示 X 和 y 形状分别为（150,4）和（150,），表明数据集有 150 个样本，每个样本包含 4 个特征，与之对应的有 150 个样本的类型。为了用可视化的方式展示分类效果，本示例只取其中萼片长度和萼片宽度两个特征维度。

```
X = iris.data[:, :2]
```

打印 feature_name 属性，查看输入特征名称。

笔 记

```
print( iris. feature_names)
```

代码运行结果如下。

```
[ 'sepal length（cm）', 'sepal width（cm）', 'petal length（cm）', 'petal width（cm）']
```

分别为花萼长度、花萼宽度、花瓣长度、花瓣宽度。

7.6.3   划分数据集

使用 sklearn. model_selection 库中的 ShuffleSplit( )方法实例化交叉验证对象。

```
from sklearn. model_selection import ShuffleSplit

cv_split = ShuffleSplit( n_splits = 5 , train_size = 0. 7 , test_size = 0. 25 )
for train_index, test_index in cv_split. split( X) :
    train_X = X[ train_index]
    test_X = X[ test_index]
    train_y = y[ train_index]
    test_y = y[ test_index]
```

7.6.4   利用 LinearSVC 分类鸢尾花

利用 LinearSVC 分类器对训练集数据进行训练，设置惩罚项 penalty 为 12，松弛变量 C 为 0.5。代码如下。

```
from sklearn import svm

# 设置分类器为 LinearSVC,惩罚项 penalty 为 12,松弛变量 C 为 0. 5
svc = svm. LinearSVC( penalty = 'l2', C = 0. 5). fit( train_X, train_y)
score = svc. score( test_X, test_y)
print( score)
```

代码运行显示得分如下。

```
0. 7631578947368421
```

可视化展示分类效果，代码如下。

```
import numpy as np
import matplotlib. pyplot as plt
```

```
# 设置绘图参数
x_min, x_max = X[:, 0].min() - 1, X[:, 0].max() + 1
y_min, y_max = X[:, 1].min() - 1, X[:, 1].max() + 1
h = (x_max / x_min) / 100
xx, yy = np.meshgrid(np.arange(x_min, x_max, h),
                     np.arange(y_min, y_max, h))
plt.subplot(1, 1, 1)

# 利用已有分类器进行预测
Z = svc.predict(np.c_[xx.ravel(), yy.ravel()])
Z = Z.reshape(xx.shape)
# 绘制等高线并填充轮廓
plt.contourf(xx, yy, Z, cmap=plt.cm.Paired, alpha=0.8)
plt.scatter(X[:, 0], X[:, 1], c=y, cmap=plt.cm.Paired)
plt.xlabel('Sepal length')
plt.ylabel('Sepal width')
# 限制 x 的取值范围,便于显示
plt.xlim(xx.min(), xx.max())
plt.title('LinearSVC test result')
plt.show()
```

代码运行结果如图 7-9 所示。

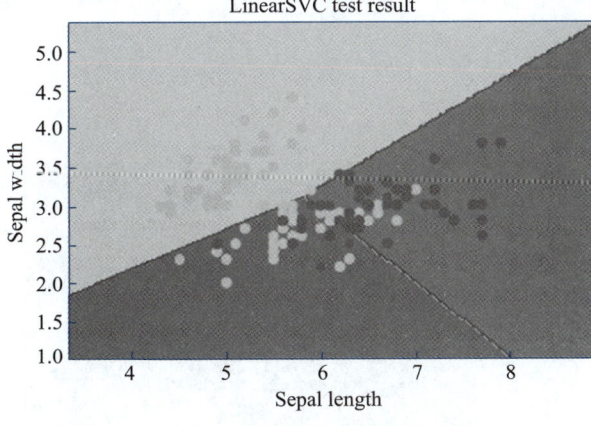

图 7-9 LinearSVC 分类效果可视化

笔记 ## 7.6.5 利用 SVC 分类鸢尾花

利用 SVC 分类器对训练集数据进行训练，设置核函数为 rbf，gamma 自动调整，松弛变量 C 为 1。

```
svc_rbf = svm.SVC(kernel = "rbf", C = 1, gamma = "auto").fit(X, y)
score = svc_rbf.score(test_X, test_y)
print(score)
```

代码运行显示得分如下。

```
0.7894736842105263
```

可视化展示分类效果，代码如下。

```
# 利用已有分类器进行预测
Z = svc_rbf.predict(np.c_[xx.ravel(), yy.ravel()])
Z = Z.reshape(xx.shape)
# 绘制等高线并填充轮廓
plt.contourf(xx, yy, Z, cmap = plt.cm.Paired, alpha = 0.8)
plt.scatter(X[:, 0], X[:, 1], c = y, cmap = plt.cm.Paired)
plt.xlabel('Sepal length')
plt.ylabel('Sepal width')
# 限制 x 的取值范围,便于显示
plt.xlim(xx.min(), xx.max())
plt.title('SVC with rbf kernel')
plt.show()
```

代码运行结果如图 7-10 所示。

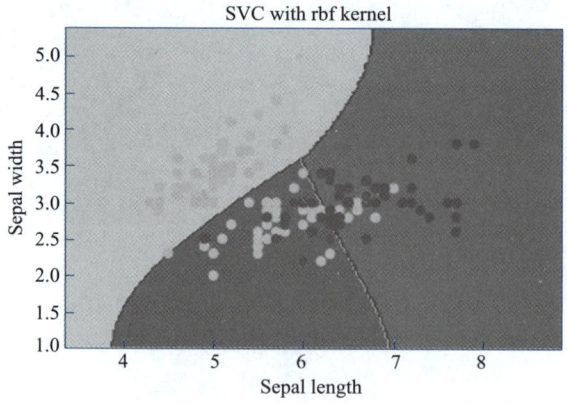

图 7-10   gamma 自动调整时分类效果可视化

分别设置 gmma 值为 10，20，50 和 100，查看其对分类结果的影响。

```
gammas = [10, 20, 50, 100]
for gamma in gammas：
    svc_gamma = svm.SVC(kernel='rbf', C=1,gamma=gamma).fit(X, y)
    score = svc_gamma.score(test_X, test_y)
    print(f'The score is {score} with gamma {gamma}')
    Z = svc_gamma.predict(np.c_[xx.ravel(), yy.ravel()])
    Z = Z.reshape(xx.shape)
    plt.contourf(xx, yy, Z, cmap=plt.cm.Paired, alpha=0.8)
    plt.scatter(X[:, 0], X[:, 1], c=y, cmap=plt.cm.Paired)
    plt.xlabel('Sepal length')
    plt.ylabel('Sepal width')
    plt.xlim(xx.min(), xx.max())
    plt.title(f'SVC with rbf kernel and gamma = {gamma}')
    plt.show()
```

代码运行结果如下。其分类效果可视化如图 7-11~图 7-14 所示。

The score is 0.8157894736842105 with gamma 10

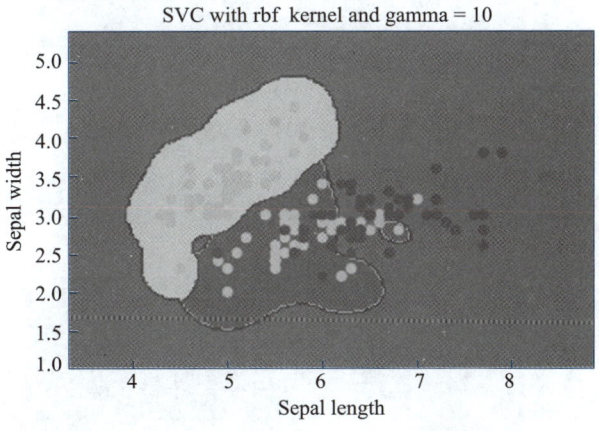

图 7-11　gamma 取 10 时分类效果可视化

The score is 0.8157894736842105 with gamma 20

笔记

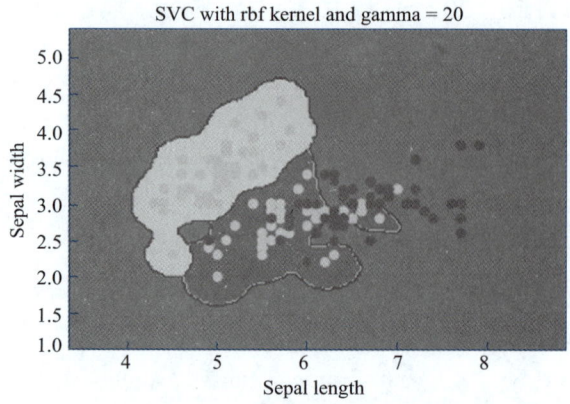

图 7-12　gamma 取 20 时分类效果可视化

The score is 0. 8947368421052632 with gamma 50

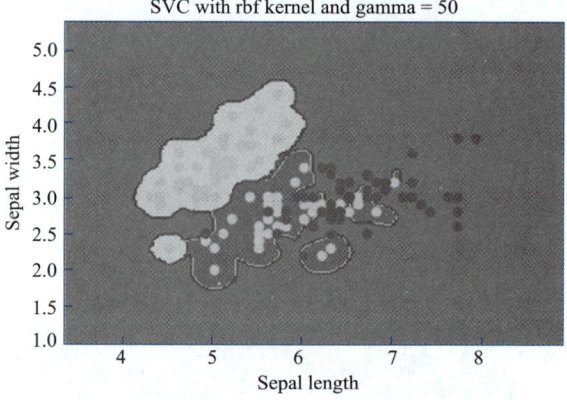

图 7-13　gamma 取 50 时分类效果可视化

The score is 0. 8947368421052632 with gamma 100

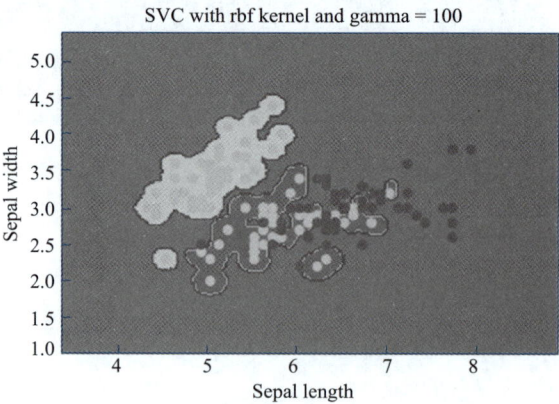

图 7-14　gamma 取 100 时分类效果可视化

设置松弛系数 C 分别为 0.1，1，10 和 100，查看拟合结果，代码如下。

```
C = [0.1, 1, 10, 100]
for c in C:
    svc_C = svm.SVC(kernel='rbf', C=c).fit(X, y)
    score = svc_C.score(test_X, test_y)
    print(f'The score is {score} with C {c}')
    Z = svc_C.predict(np.c_[xx.ravel(), yy.ravel()])
    Z = Z.reshape(xx.shape)
    plt.contourf(xx, yy, Z, cmap=plt.cm.Paired, alpha=0.8)
    plt.scatter(X[:, 0], X[:, 1], c=y, cmap=plt.cm.Paired)
    plt.xlabel('Sepal length')
    plt.ylabel('Sepal width')
    plt.xlim(xx.min(), xx.max())
    plt.title(f'SVC with rbf kernel and C = {c}')
    plt.show()
```

代码运行结果如下。其分类效果可视化如图 7-15~图 7-18 所示。

The score is 0.7631578947368421 with C 0.1

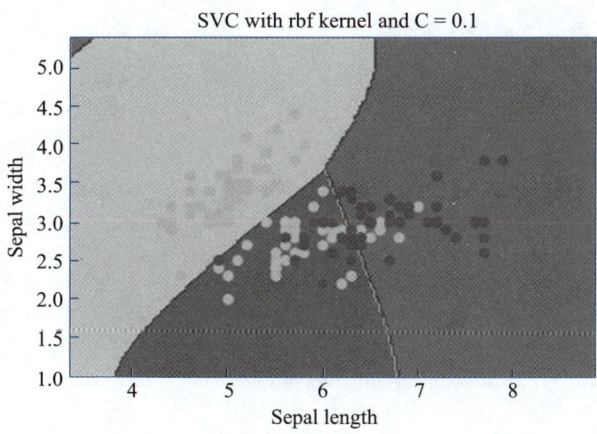

图 7-15　C 取 0.1 时分类效果可视化

The score is 0.7894736842105263 with C 1

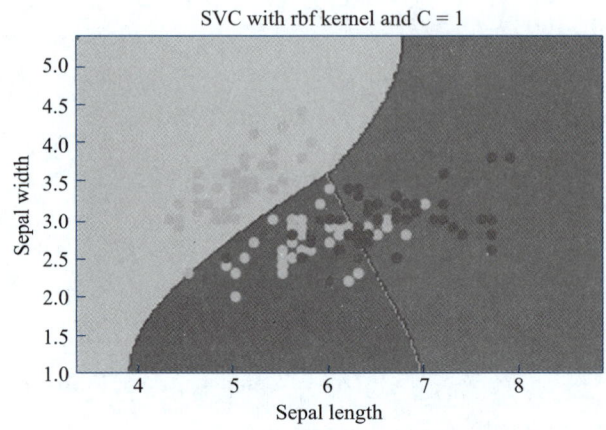

图 7-16 C 取 1 时分类效果可视化

The score is 0.7894736842105263 with C 10

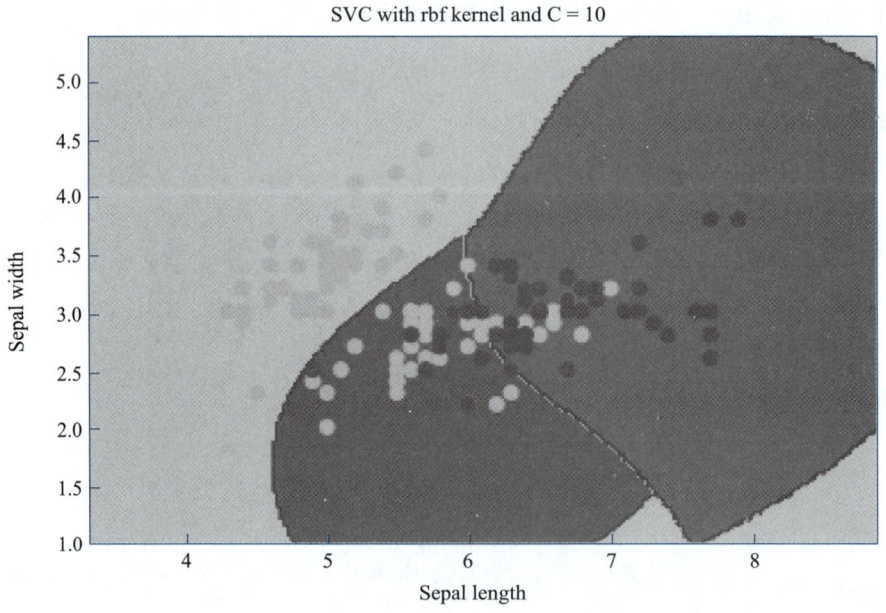

图 7-17 C 取 10 时分类效果可视化

The score is 0.7894736842105263 with C 100

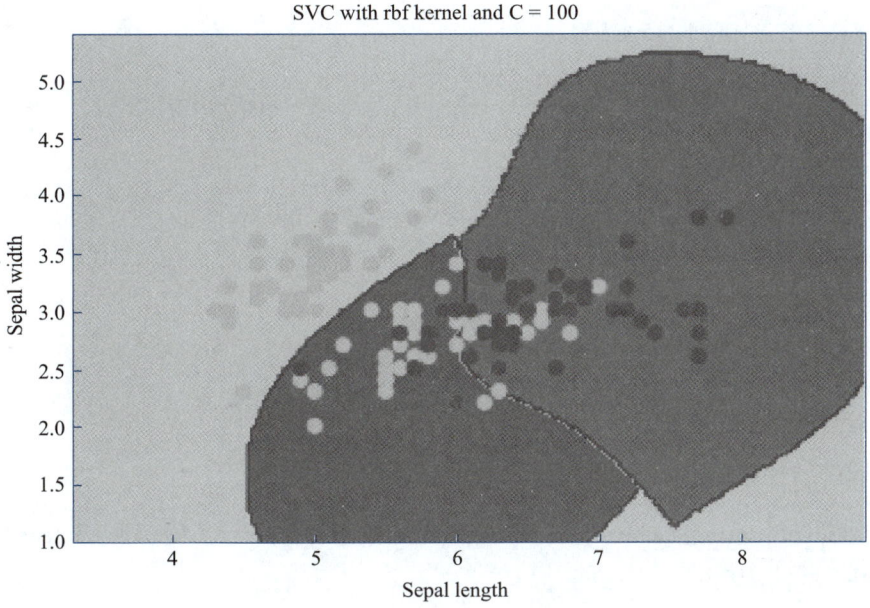

图 7-18　C 取 100 时分类效果可视化

7.6.6　参数寻优

利用 Pipeline 和 GridSearchCV 一起搜索模型最优参数。使用 sklearn. pipeline 库中的 Pipeline( )方法实例化 Pipeline 对象时，需要一个参数，参数的数据类型为列表，列表中的每个元素的数据类型为元组或列表。

使用 sklearn. model_selection 库中的 ShuffleSplit( )方法实例化交叉验证对象时，需要 3 个参数：第 1 个关键字参数 n_splits 是指定进行几次交叉验证；第 2 个关键字参数 train_size 是训练集占总样本的百分比；第 3 个关键字参数 test_size 是测试集占总样本的百分比。变量 param_grid 中有 4 个键值对，即对模型的 4 个参数搜索最优参数。代码如下。

```
from sklearn. svm import SVC
from sklearn. pipeline import Pipeline
from sklearn. model_selection import ShuffleSplit
from sklearn. model_selection import GridSearchCV


pipe_steps = [('svc', SVC( ))]
pipeline = Pipeline(pipe_steps)
cv_split = ShuffleSplit(n_splits=5, train_size=0. 7, test_size=0. 25)
param_grid = {
    'svc__cache_size' : [100, 200, 300, 400],
```

笔 记

```
        'svc__C': [1, 10,50,100],
        'svc__kernel' : ['rbf', 'linear','poly'],
        'svc__degree' : [1, 2, 3, 4],
    }
grid = GridSearchCV(pipeline, param_grid, cv=cv_split)
grid.fit(X, y)
```

查看最优参数。

```
print(grid.best_params_)
print(grid.best_score_)
```

代码运行结果如下。

```
{'svc__C': 1, 'svc__cache_size': 100, 'svc__degree': 1, 'svc__kernel': 'linear'}
0.7894736842105263
```

7.6.7 模型验证

使用 sklearn.metrics 库中的 classification_report() 方法检验**上一步得出的最优模型**分类效果，代码如下。

```
from sklearn.metrics import classification_report


predict_y = grid.predict(X)
print(classification_report(y, predict_y))
```

代码运行结果如下。

	precision	recall	f1-score	support
0	1.00	1.00	1.00	50
1	0.72	0.76	0.74	50
2	0.74	0.70	0.72	50
accuracy			0.82	150
macro avg	0.82	0.82	0.82	150
weighted avg	0.82	0.82	0.82	150

7.7   本章小结

　　在本章，我们讨论了支持向量机（SVM），它是一种可用于分类和回归的模型。线性可分支持向量机通过硬间隔最大化求出划分超平面，解决线性分类问题。非线性支持向量机利用核函数实现从低维原始空间到高维特征空间的转化，在高维空间解决非线性分类问题。SVM 适用于解决小样本下机器学习问题，可以很好地处理高维数据集，泛化能力比较强。但对于核函数的高维映射解释力不强，对数据缺失敏感，对大规模数据计算复杂度大。

习题

文本：参考答案

1. 如果一个 SVM 模型出现欠拟合，那么通过（　　　）能解决这一问题。

A. 增大惩罚参数 C 的值

B. 减小惩罚参数 C 的值

C. 减小核系数（gamma 参数）

2. 核函数的本质是什么？

3. 支持向量机的优缺点是什么？

第 8 章 朴素贝叶斯

最简单的解决方案通常是功能最强大的解决方案，朴素贝叶斯就是一个很好的例子。尽管近年来机器学习取得了进步，但事实证明它不仅简单，而且快速、准确和可靠。朴素贝叶斯已经被成功地应用于许多场合，尤其在自然语言处理（NLP）问题上特别有效。

朴素贝叶斯（Naive Bayes）是一种基于**贝叶斯定理**的概率机器学习算法，可用于多种分类任务。

8.1 问题引入

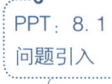

假如某天是否要出去打网球（有两种选择：是和否）受 4 个因素的影响，分别是天气、温度、湿度和是否有风。天气有 3 个值：晴、多云和有雨。温度有 3 个值：热、暖和凉。湿度有 2 个值：高、正常，是否有风有两个值：有和没有。假如有如表 8-1 所示的样本。

表 8-1 是否打网球样本数据表

天　气	温　度	湿　度	有　风	打网球
晴	热	高	有	不去
晴	热	高	没有	不去
多云	热	高	有	去
有雨	暖和	高	有	去
有雨	凉	正常	有	去
有雨	凉	正常	没有	不去
多云	凉	正常	没有	去
晴	暖和	高	有	不去

续表

天　气	温　度	湿　度	有　风	打　网　球
晴	凉	正常	有	去
有雨	暖和	正常	有	去
晴	暖和	正常	没有	去
多云	暖和	高	没有	去
多云	热	正常	有	去
有雨	暖和	高	没有	不去

从概率角度而言，通过以上样本，我们很容易在已经知道了是否打网球的结果时计算某种天气出现的概率（先验概率）。那么，如果现在知道了某一天的天气信息，如何计算去不去打网球的概率（后验概率）呢？也就是概率中的贝叶斯定理正好可以通过先验概率求取后验概率。

8.2　贝叶斯定理

PPT：8.2 贝叶斯定理

微课 8-1 贝叶斯定理

8.2.1　条件概率

条件概率一般记作 $P(A \mid B)$，意思是当 B 事件发生时，A 事件发生的概率。其定义为

$$P(A \mid B) = \frac{P(A \cap B)}{P(B)}$$

式中，$P(A \cap B)$ 的意思是 A 和 B 共同发生的概率，称为联合概率，也可以写作 $P(A, B)$ 或 $P(AB)$。注意，定义中 A 与 B 之间不一定有因果或者时间序列关系。

1. 样本空间

样本空间是一个实验或随机试验所有可能结果的集合。例如，抛掷一枚硬币，那么样本空间就是 {正面，反面}。如果投掷一个骰子，那么样本空间就是 {1,2,3,4,5,6}。样本空间的任何一个子集都被称为一个事件。所以，通常说某个事件的概率，其实是默认省略了该事件的样本空间。例如，事件 A 的概率是 $P(A)$，其实是指在样本空间 Ω 中，事件 A 的数量占 Ω 的比率，记作 $P(A)$。例如，骰子掷出 3 点的概率是 1/6，其实是指在掷骰子所有可能结果的集合（样本空间）中，出现事件"3 点"（子集）的比率是 1/6。也就是 size{3} ／ size{1,2,3,4,5,6} = 1/6。

2. 条件

通常，概率 $P(A)$ 是针对样本空间 Ω 来说的，而条件概率中的条件，比如 $P(A \mid B)$，

笔记

意思是在事件 B 发生的情况下，因此非 B 的样本空间被这个条件排除掉了，所以这时 $P(A \mid B)$ 已经不是针对样本空间 Ω 了，而是针对缩小了的样本空间 B。

结合图 8-1 来理解，原来样本空间是 Ω，事件 B 发生，意味着样本空间缩小到 B 的范围，即图 8-1 中橙色椭圆范围内。同时事件 A 也发生，也就是图 8-1 中 $A \cap B$ 部分，蓝色部分对黄色椭圆的占比，就是条件概率 $P(A \mid B)$。可以写作：

$$P(A \mid B) = \frac{\mathrm{size} A \cap B}{\mathrm{size} B}$$

$$P(A \cap B) = \frac{\mathrm{size} A \cap B}{\mathrm{size} \Omega}$$

$$P(B) = \frac{\mathrm{size} B}{\mathrm{size} \Omega}$$

所以

$$P(A \mid B) = \frac{P(A \cap B)}{P(B)}$$

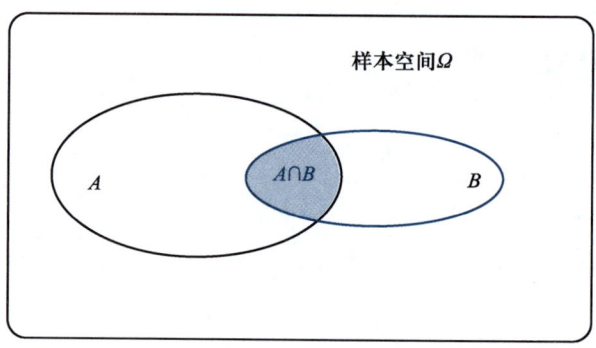

图 8-1   样本空间示意图

8.2.2   贝叶斯定理

通过条件概率，可知：

$$P(A \mid B) = \frac{P(A \cap B)}{P(B)}$$

$$P(B \mid A) = \frac{P(A \cap B)}{P(A)}$$

通过上式，可以得出：

$$\frac{P(A \mid B)}{P(B \mid A)} = \frac{P(A)}{P(B)}$$

$$P(A \cap B) = P(B \mid A) P(A)$$

从而得出：

$$P(A \mid B) = \frac{P(B \mid A)P(A)}{P(B)}$$

这就是通常贝叶斯定理的形式。

8.3   朴素贝叶斯

回顾贝叶斯定理：

$$P(A \mid B) = \frac{P(B \mid A)P(A)}{P(B)}$$

假设某个样本有 n 个特征，分别为 $x_1, x_2, \cdots, x_n$。有 m 个类别，分别为 $y_1, y_2, \cdots, y_m$。将贝叶斯定理重写为对这个分类任务更为自然的形式。

$$P(y \mid x_1, x_2, \cdots, x_n) = \frac{P(x_1, x_2, \cdots, x_n \mid y)P(y)}{P(x_1, x_2, \cdots, x_n)}$$

贝叶斯分类器就是计算出概率最大的那个分类，也就是求上式的最大值。由于 $P(x_1, x_2, \cdots, x_n)$ 对所有类别都相同，可以省略，故变为求 $P(x_1, x_2, \cdots, x_n \mid y)P(y)$ 的最大值。

朴素贝叶斯利用后验概率最大化来判定数据所属的类别，其"朴素"之处在于条件独立性的引入。条件独立性假设保证了所有属性相互独立，互不影响，每个属性独立地对分类结果发生作用，这样类条件概率就变成了属性条件概率的乘积。

利用朴素贝叶斯的条件独立性，有

$$P(x_1, x_2, \cdots, x_n \mid y)P(y) = P(x_1 \mid y)P(x_2 \mid y) \cdots P(x_n \mid y)P(y) = P(y)\prod_{i=1}^{n} P(x_i \mid y)$$

求上式最大值，即求

$$\hat{y} = \mathrm{argmax}_y P(y)\prod_{i=1}^{n} P(x_i \mid y)$$

8.4   朴素贝叶斯的 3 种形式及 scikit-learn 实现

根据假设的不同，朴素贝叶斯有 3 种形式，即高斯朴素贝叶斯、多项式朴素贝叶斯和伯努利朴素贝叶斯。scikit-learn 提供了 3 种朴素贝叶斯分类算法。这 3 种算法适合应用在不同的场景下，应该根据特征变量的不同选择不同的算法。

8.4.1   高斯朴素贝叶斯

假设特征 x 的条件概率分布满足高斯分布：

$$P(x_i \mid y = c_k) = \frac{1}{\sqrt{2\pi\sigma_{k,i}^2}} \exp\left(-\frac{(x_i - \mu_{k,i})^2}{2\sigma_{k,i}^2} \right)$$

PPT：8.3
朴素贝叶斯

微课 8-2
朴素贝叶斯
及其实现

PPT：8.4
朴素贝叶斯的 3
种形式及 scikit-
learn 实现

其中，$\mu_{k,i}$ 为第 i 个特征的条件概率分布的均值；$\sigma_{k,i}$ 为第 i 个特征的条件概率分布的方差。

适用场景：适合连续特征，它假设每个特征对于每个类都符合正态分布，如人的身高、物体的长度等。

scikit-learn 实现如下：

> class sklearn. naive_bayes. GaussianNB( )

（1）模型属性

1）class_prior_：一个数组，形状为（n_classes,），是每个类别的概率。

2）class_count_：一个数组，形状为（n_classes,），是每个类别包含的训练样本数量。

3）theta_：一个数组，形状为（n_classes,n_features），是每个类别上每个特征的均值。

4）sigma_：一个数组，形状为（n_classes,n_features），是每个类别上每个特征的标准差。

（2）模型方法

1）fit(X，y[，sample_weight])：训练模型。

2）partial_fit(X，y[，classes,sample_weight])：分批训练模型。

3）该方法主要用于大规模数据集的训练。此时可以将大数据集划分成若干小数据集，然后在这些小数据集上连续调用 partial_fit( )方法来训练模型。

4）predict(X)：用模型进行预测，返回预测值。

5）predict_log_proba(X)：返回一个数组，数组的元素依次是 X 预测为各个类别的概率的对数值。

6）predict_proba(X)：返回一个数组，数组的元素依次是 X 预测为各个类别的概率值。

7）score(X，y[，sample_weight])：返回模型的预测性能得分。

8.4.2　多项式朴素贝叶斯

假设特征的条件概率分布满足多项式分布：

$$P(x_i = a_{j,t} \mid y = c_k) = \frac{N_{k,i,t} + \alpha}{N_k + \alpha n}$$

式中，N_k 表示属于类别 c_k 的样本的数量；$N_{k,i,t}$ 表示属于类别 c_k 且第 i 个特征取值为 $x_i = a_{j,t}$ 的样本的数量。

适用场景：适合类别特征，特征变量是离散变量，符合多项分布，如在文档分类中**特征变量体现在一个单词出现的次数，或者是单词的 TF-IDF 值等。**

scikit-learn 实现如下：

class sklearn. naive_bayes. MultinomialNB(alpha = 1. 0, fit_prior = True, class_prior = None)

（1）模型参数

1）alpha：浮点数，指定 α 值。

2）fit_prior：布尔值。

- 如果为 True，则不去学习 $p(y)$，替代以均匀分布。

- 如果为 False，则去学习 $p(y)$。

3）class_prior：一个数组。它指定了每个分类的先验概率 $p(y)$。如果指定了该参数，则每个分类的先验概率不再从数据集中学得。

（2）模型属性

1）class_log_prior_：一个数组对象，形状为（n_classes, ）。给出了每个类别的调整后的经验概率分布的对数值。

2）feature_log_prob_：一个数组对象，形状为（n_classes, n_features）。给出了经验概率分布的对数值。

3）class_count_：一个数组，形状为（n_classes, ），是每个类别包含的训练样本数量。

4）feature_count_：一个数组，形状为（n_classes, n_features）。在训练过程中，每个类别每个特征遇到的样本数。

（3）模型方法

参考 GaussianNB。

8.4.3　伯努利朴素贝叶斯

假设特征的条件概率分布满足二项分布：

$$P(x_i \mid y) = p \times x_i + (1-p)(1-x_i)$$

其中，$p = P(x_i = 1 \mid y)$，且要求特征的取值为 $x_i \in \{0,1\}$。

适用场景：适合于所有特征均为二元值的情形，符合 0/1 分布，如在文档分类中以单词是否出现为特征。

scikit-learn 实现如下：

class sklearn. naive_bayes. BernoulliNB(alpha = 1. 0, binarize = 0. 0 , fit_prior = True, class_
prior = None)

（1）模型参数

binarize：浮点数或者 None。

- 如果为 None，则会假定原始数据已经是二元化的。

- 如果是浮点数，则执行二元化策略，以该数值为界。

- 特征取值大于它的作为 1。

笔记

- 特征取值小于它的作为 0。

其他参数参考 MultinomialNB。

（2）模型属性

参考 MultinomialNB。

（3）模型方法

参考 MultinomialNB。

8.5   新闻分类

朴素贝叶斯算法在自然语言处理领域有着广泛的应用，也是最早用于文本分类的算法之一。本节利用朴素贝叶斯算法对数据集 20Newsgroups 进行演示文本分类。

8.5.1   数据集描述

20Newsgroups 数据集是用于文本分类、文本挖掘和信息检索研究的国际标准数据集之一。数据集收集了大约 20 000 左右的新闻组文档，均匀分为 20 个不同主题的新闻组集合。

20Newsgroups 数据集有三个版本。第一个版本 19997 是原始的且没有修改过的版本。第二个版本是按时间顺序分为训练（60%）和测试（40%）两部分数据集，不包含重复文档和新闻组名（新闻组，路径，隶属于，日期）。第三个版本 18 828 个文档不重复，只有来源和主题。我们使用第二个版本。

- 20news-19997. tar. gz：原始 20Newsgroups 数据集。
- 20news-bydate. tar. gz：按时间分类；不包含重复文档和新闻组名（18 846 个文档）。
- 20news-18828. tar. gz：不包含重复文档，只有来源和主题（18 828 个文档）。

使用 train 子目录下的文档进行模型训练，然后使用 test 子目录下的文档进行模型测试。

8.5.2   加载数据

加载数据代码如下：

```
from sklearn. datasets import    fetch_20newsgroups


news = fetch_20newsgroups( subset = " all" )
X = news. data
```

```
y = news. target

print( y. shape )
print( news. target_names )
```

输出显示数据集中包含 18 846 个文档，类型分布如下：

```
[' alt. atheism ' , ' comp. graphics ' , ' comp. os. ms-windows. misc ' , ' comp.
sys. ibm. pc. hardware', 'comp. sys. mac. hardware' , 'comp. windows. x', 'misc. forsale',
'rec. autos' , ' rec. motorcycles' , ' rec. sport. baseball' , ' rec. sport. hockey' , ' sci. crypt' ,
'sci. electronics' , 'sci. med' , 'sci. space' , 'soc. religion. christian' , 'talk. politics. guns' ,
'talk. politics. mideast' , 'talk. politics. misc' , 'talk. religion. misc']
```

8.5.3 划分数据集

将数据集划分为训练集和测试集。

```
from sklearn. model_selection import train_test_split

X_train, X_test, y_train, y_test = train_test_split( X , y , test_size = 0. 25 , random_state =
33 )
```

8.5.4 文本特征提取

特征提取是将文本数据转换成特征向量的过程。比较常用的文本特征表示法为词袋法。

1. 词袋法

不考虑词语出现的顺序，每个出现过的词汇单独作为一列特征。这些不重复的特征词汇集合为词表，每个文本都可以在很长的词表上统计出一个很多列的特征向量。如果每个文本都出现的词汇，一般被标记为停用词，不计入特征向量。

Scikit-Learn 中主要通过两个 API：CountVectorizer 和 TfidfVectorizer 来实现。

1）CountVectorizer：只考虑词汇在文本中出现的频率。

2）TfidfVectorizer：除了考量某词汇在文本出现的频率，还关注包含这个词汇的所有文本的数量，能够削减高频没有意义的词汇出现带来的影响，挖掘更有意义的特征。相比之下，文本条目越多，TfidfVectorizer 的效果会越显著。

下面对这两种提取特征的方法，分别设置停用词和不停用，使用朴素贝叶斯进行分类预测，比较评估效果。

笔 记

笔 记

2. 采用普通统计 CountVectorizer 提取特征向量

```
from sklearn. feature_extraction. text import CountVectorizer

# 默认配置不去除停用词
count_vec = CountVectorizer( )
X_count_train = count_vec. fit_transform( X_train)
X_count_test = count_vec. transform( X_test)
# 去除停用词
count_stop_vec = CountVectorizer( analyzer='word', stop_words='english')
X_count_stop_train = count_stop_vec. fit_transform( X_train)
X_count_stop_test = count_stop_vec. transform( X_test)
```

3. 采用 TfidfVectorizer 提取文本特征向量

```
from sklearn. feature_extraction. text import TfidfVectorizer

# 默认配置不去除停用词
tfid_vec = TfidfVectorizer( )
X_tfid_train = tfid_vec. fit_transform( X_train)
X_tfid_test = tfid_vec. transform( X_test)
# 去除停用词
tfid_stop_vec = TfidfVectorizer( analyzer='word', stop_words='english')
X_tfid_stop_train = tfid_stop_vec. fit_transform( X_train)
X_tfid_stop_test = tfid_stop_vec. transform( X_test)
```

8.5.5　模型训练

1. 对 CountVectorizer 方法提取特征向量进行学习和预测

对普通统计 CountVectorizer 方法提取特征向量使用多项式朴素贝叶斯模型进行学习和预测，代码如下。

```
from sklearn. naive_bayes import MultinomialNB

mnb_count = MultinomialNB( )
```

```
mnb_count. fit(X_count_train, y_train)    #学习
mnb_count_y_predict = mnb_count. predict(X_count_test)    # 预测
# 去除停用词
mnb_count_stop = MultinomialNB( )
mnb_count_stop. fit(X_count_stop_train, y_train)    #学习
mnb_count_stop_y_predict = mnb_count_stop. predict(X_count_stop_test)    # 预测
```

2. 对 TfidfVectorizer 方法提取特征向量进行学习和预测

对 TfidfVectorizer 方法提取特征向量使用多项式朴素贝叶斯模型进行学习和预测，代码如下。

```
mnb_tfid = MultinomialNB( )
mnb_tfid. fit(X_tfid_train, y_train)
mnb_tfid_y_predict = mnb_tfid. predict(X_tfid_test)
# 去除停用词
mnb_tfid_stop = MultinomialNB( )
mnb_tfid_stop. fit(X_tfid_stop_train, y_train)    #学习
mnb_tfid_stop_y_predict = mnb_tfid_stop. predict(X_tfid_stop_test)    # 预测
```

8.5.6 模型评估

利用 scikit-Learn 中 classification_report( )方法以文本方式给出分类结果的主要预测性能指标。

1. 对 CountVectorizer 方法提取的特征学习模型进行评估

```
from sklearn. metrics import classification_report

print("未去除停用词的 CountVectorizer 提取的特征学习模型准确率:", mnb_
count. score(X_count_test, y_test))
print("更加详细的评估指标:\n", classification_report(mnb_count_y_predict, y_test))
print("去除停用词的 CountVectorizer 提取的特征学习模型准确率:", mnb_count_
stop. score(X_count_stop_test, y_test))
print("更加详细的评估指标:\n", classification_report(mnb_count_stop_y_predict, y_
test))
```

运行以上代码的结果如下。

笔记

未去除停用词的 CountVectorizer 提取的特征学习模型准确率：0.8397707979626485
更加详细的评估指标：

	precision	recall	f1-score	support
0	0.86	0.86	0.86	201
1	0.86	0.59	0.70	365
2	0.10	0.89	0.17	27
3	0.88	0.60	0.72	350
4	0.78	0.93	0.85	204
5	0.84	0.82	0.83	271
6	0.70	0.91	0.79	197
7	0.89	0.89	0.89	239
8	0.92	0.98	0.95	257
9	0.91	0.98	0.95	233
10	0.99	0.93	0.96	248
11	0.98	0.86	0.91	272
12	0.88	0.85	0.86	259
13	0.94	0.92	0.93	252
14	0.96	0.89	0.92	239
15	0.96	0.78	0.86	285
16	0.96	0.88	0.92	272
17	0.98	0.90	0.94	252
18	0.89	0.79	0.84	214
19	0.44	0.93	0.60	75
accuracy			0.84	4712
macro avg	0.84	0.86	0.82	4712
weighted avg	0.89	0.84	0.86	4712

去除停用词的 CountVectorizer 提取的特征学习模型准确率：0.8637521222410866
更加详细的评估指标：

	precision	recall	f1-score	support
0	0.89	0.85	0.87	210

2	0.87	0.84	0.86	257
3	0.88	0.78	0.83	269
4	0.90	0.92	0.91	235
5	0.88	0.95	0.91	243
6	0.80	0.90	0.85	230
7	0.92	0.89	0.90	244
8	0.94	0.98	0.96	265
9	0.93	0.97	0.95	242
10	0.99	0.88	0.93	264
11	0.98	0.85	0.91	273
12	0.86	0.93	0.89	231
13	0.93	0.96	0.95	237
14	0.97	0.90	0.93	239
15	0.96	0.70	0.81	320
16	0.98	0.84	0.90	294
17	0.99	0.92	0.95	248
18	0.74	0.97	0.84	145
19	0.29	0.96	0.45	48
accuracy			0.88	4712
macro avg	0.87	0.89	0.87	4712
weighted avg	0.90	0.88	0.89	4712

笔记

8.6 本章小结

  本章主要介绍了朴素贝叶斯算法。朴素贝叶斯算法发源于古典数学理论,利用后验概率选择最佳分类,后验概率可以通过贝叶斯定理求解。假设所有属性相互独立,基于这一假设将类条件概率转换为属性条件概率的乘积。朴素贝叶斯算法有稳定的分类效率,对小规模的数据表现很好,能处理多分类任务,适合增量式训练,尤其是数据量超出内存时,可以一批批地增量训练。朴素贝叶斯算法假设属性之间相互独立,但这个假设在实际应用中往往是不成立的,在属性个数比较多或者属性之间相关性较大时,分类效果不好。因为需要知道先验概率,且先验概率很多时候取决于假设,假设的模型可以有很多种,因此在某些时候会由于假设的先验模型的原因而导致预测效果不佳。

习题

文本：参考答案

1. 假设会开车的本科生比例是 15%，会开车的研究生比例是 23%。若在某大学研究生占学生比例是 20%，则会开车的学生是研究生的概率是（　　　）。

A. 23%

B. 80%

C. 15%

D. 16.6%

2. 下列关于朴素贝叶斯的特点说法中错误的是（　　　）。

A. 朴素贝叶斯模型无须假设特征条件独立

B. 朴素贝叶斯模型发源于古典数学理论，数学基础坚实

C. 朴素贝叶斯处理过程简单，分类速度快

D. 朴素贝叶斯对小规模数据表现较好

3. 关于朴素贝叶斯，下列说法中错误的是（　　　）。

A. 它实际上是将多条件下的条件概率转换成了单一条件下的条件概率，简化了计算

B. 朴素的意义在于它的一个天真的假设：所有特征之间是相互独立的

C. 朴素贝叶斯不需要使用联合概率

D. 它是一个分类算法

第9章 决策树

决策树是最经典的机器学习模型之一。它的预测结果容易理解，易于向业务部门解释；并且它的预测速度快，可以处理类别型数据和连续型数据。在机器学习的数据挖掘类求职面试中，决策树是面试官最喜欢的面试题之一。

9.1 问题引入

假如你错过了观看世界杯比赛，赛后你会问一个知道比赛结果的朋友："哪支球队是冠军？"。他让你猜，那么猜多少次才能知道谁是冠军呢？你可以把球队编号为 1~16，然后提问："冠军球队在 1~8 号中吗？"，假如他告诉你猜对了，你会接着问："冠军在 1~4 号中吗？"，假如他告诉你猜错了，那么你自然知道冠军在 5~8 号中。这样只需要五次，你就能知道哪支球队是冠军。

这背后所隐藏着的其实就是决策树，可以用更为直观的示意图来展示上面的过程，如图 9-1 所示。

由此可以看出，决策树就是降低信息不确定性的过程，甚至可以将其看成是一个"如果…，那么…"规则的集合。如图 9-1 所示，一开始有 16 种可能性，接着变成 8 种，这意味着**每次决策都能得到更多的信息，减少更多的不确定性**。

事实上，每届世界杯比赛大家都会预测夺冠的热门球队。因此，如果猜测的时候可以将几个热门球队分在一起，将剩余的球队放在一起，整个决策的效率可能就提高了一个量级。例如，赛前大家预测最有可能夺冠的球队分别是编号为 1、2、3、4 的这四支球队。那么一开始就可以分成 1~4 和 5~16，如果在 1~4 中，那么很快就能知道谁是冠军，即使冠军真在 5~16 中，同样可以按照这样的思路在下一步做决策的时候将其划分成最有可能和最不可能的两个部分。

PPT：9.1 问题引入

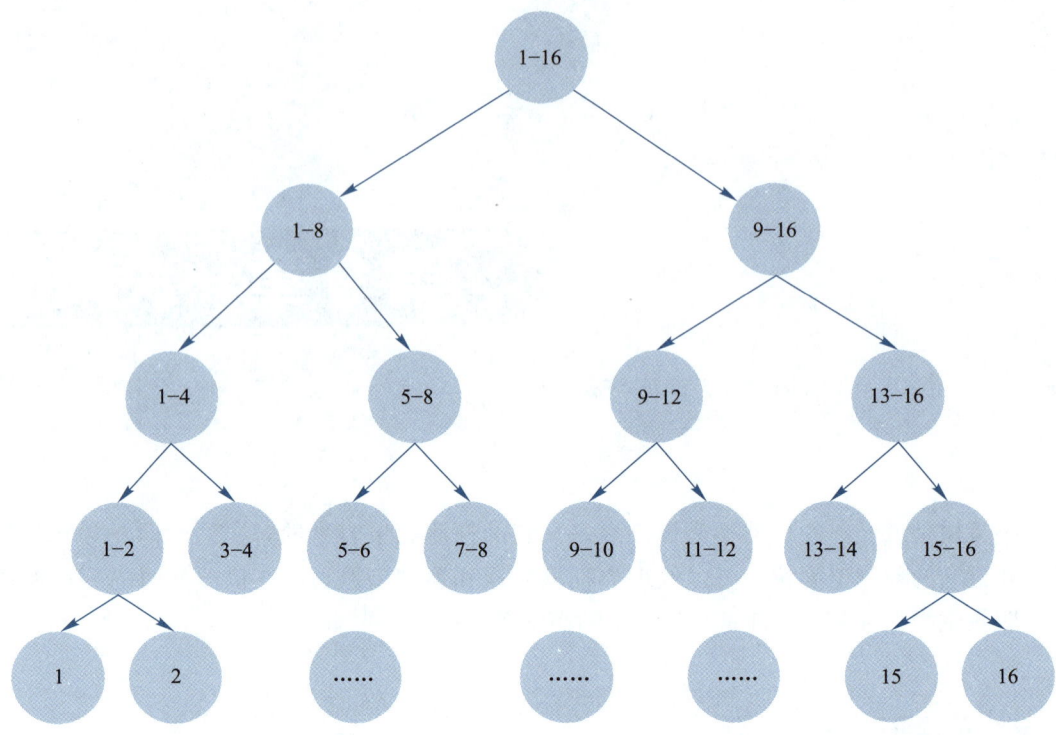

图 9-1   世界杯冠军猜测决策树示意图

通过上述事例可以发现：**若一种划分，一次能使数据的"不确定性"减少得越多（谁不可能夺冠），就意味着该划分能获取更多的信息**，也就更倾向于采取这样的划分，因此采用不同的划分就会得到不同的决策树。现在的问题就是如何来构建一棵"好"的决策树呢？要想回答这个问题，先来解决如何描述"信息"这个问题。

9.2   信息的度量

1. 信息

一个事件的信息量就是这个事件发生的概率的负对数。

$$I(X=x_i) = -\log_2 p(x_i)$$

式中，$I(X)$ 表示随机变量的信息，$p(x_i)$ 表示当 x_i 发生时的概率。

2. 信息熵

1948 年，香农在其著作《通信的数学原理》中提出了信息熵（Entropy）的概念，从而解决了信息的量化问题。香农认为，一条信息的信息量和它的不确定性具有直接关系。

一个问题的不确定性越大，为了要搞清楚这个问题，需要了解的信息就越多，其信息熵就越大。

在信息论和概率论中，熵是对随机变量不确定性的度量，信息熵便是信息的期望值。信息熵一般用 H 表示，单位为比特。

公式如下：

$$H(X) = -\sum_{x \in X} P(x)\log_2 P(x)$$

针对引例中第一种猜测方法，当 16 支球队夺冠概率相同时 $\left(即\dfrac{1}{16}\right)$，对应的信息熵为

$$H = -(p_1\log_2 p_1 + p_2\log_2 p_2 + \cdots + p_{16}\log_2 p_{16}) = -16 \times \left(\dfrac{1}{16}\log_2 \dfrac{1}{16}\right) = 4$$

就是 4 比特，并且**等概率时的信息熵最大**，即引例中的信息量不可能大于 4。

对于二分类，设 $P(y=0)=p$，$P(y=1)=1-p$，$0 \leqslant p \leqslant 1$，此时信息熵为

$$H(y) = -\left[p\log_2 p + (1-p)\log_2(1-p)\right]$$

其几何图像如图 9-2 所示。

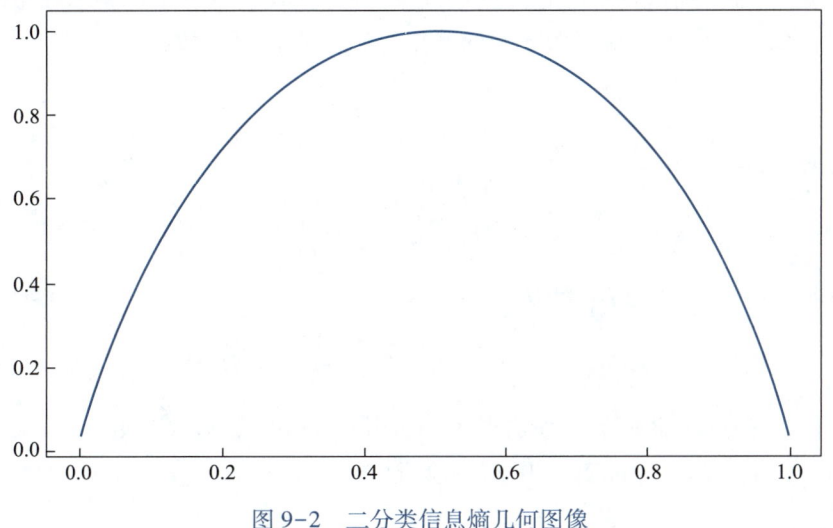

图 9-2 二分类信息熵几何图像

可以看到，当概率均等时（$p=1-p=0.5$），信息熵最大。也就是说，此时的不确定性最大，其包含的信息量也就越大。

3. 条件熵

条件熵是用来解释信息增益而引入的概念，即在某事件 X 发生的条件下，目标事件 Y 的信息熵，类似于条件概率，记作 $H(Y \mid X)$。

公式如下：

$$H(Y \mid X) = \sum_{x \in X} P(x)H(Y \mid X = x)$$

笔 记

4. 信息增益

在决策树算法中，信息增益用于选择特征的指标，信息增益越大，则这个特征的选择性越好。在概率中将其定义为：待分类的集合的熵和选定某个特征的条件熵之差（这里指的是经验熵或经验条件熵，由于真正的熵并不知道，是根据样本计算出来的）。

公式如下：

$$IG(X) = H(X) - H(Y \mid X)$$

使用信息增益的一个缺点在于：信息增益的大小是相对于训练数据集而言的。在分类问题困难时，训练数据集的经验熵比较大时，信息增益会偏大；反之，信息增益会偏小。这时，使用信息增益比可以校正这个问题。信息增益比计算公式如下：

$$g_r = \frac{H(X) - H(Y \mid X)}{H(X)}$$

5. 基尼系数

基尼系数是一种与信息熵类似的进行特征选择的方式，可以用来表示数据的不纯度。假设有 K 个类，样本点属于第 k 类的概率为 p_k，则基尼系数为

$$Gini(p) = \sum_{k=1}^{K} p_k(1 - p_k) = 1 - \sum_{k=1}^{K} p_k^2$$

对于数据集 D：

$$Gini(D) = 1 - \sum_{k=1}^{K} \left(\frac{C_k}{D}\right)^2$$

根据特征 A 将 D 划分为 D_1 和 D_2，则

$$Gini(D, A) = \frac{D_1}{D} Gini(D_1) + \frac{D_2}{D} Gini(D_2)$$

- Gini 最小值为 0，此时表示所有样本都被分到了一类，效果最好。
- 当 Gini 为最大值时，p_k 都是 0.5，效果最差。

6. 计算示例

假设有如下数据集 D，见表 9-1，根据是否用鳃呼吸和有无鱼鳍两个特征来判断是否为鱼。

表 9-1　数据集 D

名　　称	是否用鳃呼吸	有无鱼鳍	是否为鱼
鲨鱼	1	1	1
鲫鱼	1	1	1
河蚌	1	0	0

续表

名　　称	是否用鳃呼吸	有无鱼鳍	是否为鱼
鲸	0	1	0
海豚	0	1	0

对数据集 D，依次计算信息熵、信息增益、信息增益比和基尼系数。

（1）信息熵

从数据中可以看到，一共有 5 个样本数据，其中标签列有 2 种情况，所以按公式计算数据集信息熵为

$$H(D) = -\sum_{x \in X} P(x) \log_2 P(x) = -\left(\frac{2}{5} \log_2 \frac{2}{5} + \frac{3}{5} \log_2 \frac{3}{5} \right) = 0.971$$

当样本按照某一特征将数据集 D 划分成两个独立的子数据集 D_1 和 D_2 时，此时整个数据集 D 的熵分为两个独立数据集 D_1 的熵和 D_2 的熵的加权和，即

$$H(D) = \frac{D_1}{D} H(D_1) + \frac{D_1}{D} H(D_2)$$

选择"用鳃呼吸"作为特征划分时，在用鳃呼吸的 3 个样本中，有 2 个是鱼，1 个不是鱼。在不用鳃呼吸的 2 个样本中，全部不是鱼。计算此时数据集的信息熵为

$$H(D,A) = \frac{3}{5} H(D_1) + \frac{2}{5} H(D_2) = -\left[\frac{3}{5} \left(\frac{2}{3} \log_2 \frac{2}{3} + \frac{1}{3} \log_2 \frac{1}{3} \right) + \frac{2}{5} (1 \log_2 1) \right] = 0.551$$

选择"有无鱼鳍"作为特征划分时，在有鱼鳍的 4 个样本中，有 2 个是鱼，2 个不是鱼。无鱼鳍的 1 个样本不是鱼。计算此时数据集的信息熵为

笔记

$$H(D,B) = \frac{4}{5} H(D_1) + \frac{1}{5} H(D_2) = -\left[\frac{4}{5} \left(\frac{2}{4} \log_2 \frac{2}{4} + \frac{2}{4} \log_2 \frac{2}{4} \right) + \frac{1}{5} (1 \log_2 1) \right] = 0.2$$

（2）信息增益

划分前后信息熵的减少量称为信息增益。

特征 A（用鳃呼吸）的信息增益为

$$IG(D,A) = H(D) - H(D,A) = 0.971 - 0.551 = 0.44$$

特征 B（有无鱼鳍）的信息增益为

$$IG(D,B) = H(D) - H(D,B) = 0.971 - 0.2 = 0.771$$

（3）信息增益率

分别计算特征 A 和特征 B 的信息增益率如下：

$$g_r(D,A) = \frac{IG(D,A)}{H(D)} = \frac{0.44}{0.971} = 0.453$$

$$g_r(D,B) = \frac{IG(D,B)}{H(D)} = \frac{0.771}{0.971} = 0.79$$

（4）基尼系数

数据集 D 中 5 个样本数据，其中标签列有 2 种情况，计算数据集的 Gini 系数为

$$\text{Gini}(D) = 1 - \left[\left(\frac{2}{5} \right)^2 + \left(\frac{3}{5} \right)^2 \right] = 0.48$$

选择"用鳃呼吸"作为特征划分时，在用鳃呼吸的 3 个样本中，有 2 个是鱼，1 个不是鱼。不用鳃呼吸的 2 个样本中，全部不是鱼。计算此时数据集的 Gini 系数：

$$\text{Gini}(D, A) = \frac{3}{5} \times \left\{ 1 - \left[\left(\frac{2}{3} \right)^2 + \left(\frac{1}{3} \right)^2 \right] \right\} + \frac{2}{5} \times (1 - 1^2) = 0.627$$

选择"有无鱼鳍"作为特征划分时，在有鱼鳍的 4 个样本中，有 2 个是鱼，2 个不是鱼。无鱼鳍的 1 个样本不是鱼。计算此时数据集的 Gini 系数：

$$\text{Gini}(D, B) = \frac{4}{5} \times \left\{ 1 - \left[\left(\frac{2}{4} \right)^2 + \left(\frac{2}{4} \right)^2 \right] \right\} + \frac{1}{5} \times (1 - 1^2) = 0.1$$

9.3 决策树模型

PPT：9.3
决策树模型

9.3.1 决策树的结构

决策树是一个包含根结点、内部结点和叶结点的树结构，其根结点包含样本全集，内部结点对应特征属性测试，叶结点则代表决策结果。决策树结构示意图如图 9-3 所示。

微课 9-2
决策树模型

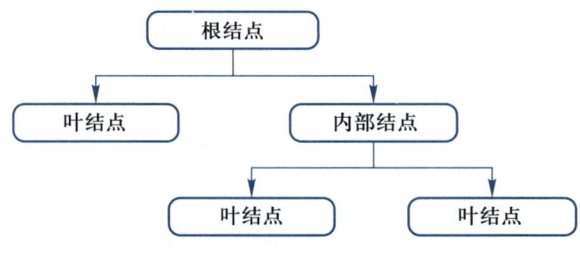

图 9-3   决策树结构示意图

9.3.2 决策树构建

决策树学习的算法通常是一个递归地选择最优特征，并根据该特征对训练数据进行分割，使得各个子数据集有一个最好的分类的过程。这一过程对应着特征空间的划分，也对应着决策树的构建。

1）构建根结点，将所有训练数据都放在根结点，选择一个最优特征（在特征选择

中，通常使用的准则是信息增益），按照这一特征将训练数据集分割成子集，使得各个子集有一个在当前条件下最好的分类。

2）如果这些子集已经能够被基本正确分类，那么可构建叶结点，并将这些子集分到所对应的叶结点上。

3）如果还有子集不能够被正确分类，那么就对这些子集选择新的最优特征，继续对其进行分割，构建相应的结点，如果递归进行，直至所有训练数据子集被基本正确的分类，或者没有合适的特征为止。

4）每个子集都被分到叶结点上，即都有了明确的类，这样就生成了一棵决策树。

根据特征选择准则不同，常见的决策树构建算法有以下三种。

1. ID3 算法

ID3 算法构建决策树的具体方法是从根结点出发，对结点计算所有特征的信息增益，选择信息增益最大的特征作为结点特征，根据该特征的不同取值建立子结点；对每个子结点都递归调用以上算法生成新的子结点，直到信息增益都很小或没有特征可以选择为止。

ID3 算法使用的是信息增益的绝对取值，而信息增益的运算特性决定了当属性的取值数目较多时，其信息增益的绝对值将大于取值较少的属性。这样一来，如果在决策树的初始阶段就进行过于精细的分类，其泛化能力就会受到影响，无法对真实的实例做出有效预测。

2. C4.5 算法

C4.5 算法不是直接使用信息增益，而是引入"信息增益比"指标作为最优划分属性选择的依据。信息增益比等于使用属性的特征熵归一化后的信息增益，而每个属性的特征熵等于按属性取值计算出的信息熵。在特征选择时，C4.5 算法先从候选特征中找出信息增益高于平均水平的特征，再从中选择增益率最高的作为节点特征，这就保证了对多值属性和少值属性一视同仁。在决策树的生成上，C4.5 算法与 ID3 算法类似。

无论是 ID3 算法还是 C4.5 算法，都是基于信息论中熵模型的指标实现特征选择，因而涉及大量的对数计算。另一种主要的决策树算法 CART 算法则用基尼系数取代了熵模型。

3. CART（Classification and Regression Tree）算法

CART（Classification and Regression Tree，分类与回归树）算法，既可以用于分类，也可以用于回归。假设数据中共有 K 个类别，第 k 个类别的概率为 p_k，则基尼系数等于 $1 - \sum_{k=1}^{K} p_k^2$。基尼系数在与熵模型高度近似的前提下，避免了对数运算的使用，使得 CART 分类树具有较高的执行效率。

笔记

CART 算法是三种算法中最常用的一种决策树构建算法。三种算法的区别仅仅是对于当前树的评价标准不同而已，ID3 使用信息增益、C4.5 使用信息增益率、CART 使用基尼系数。CART 算法构建的一定是二叉树，ID3 和 C4.5 构建的不一定是二叉树。

不论采用哪种算法，其目的就是将无序的数据集变得更加有序，每种算法都有着自己的优缺点。在知道如何划分属性后，就可以计算每个特征值划分数据集获得增益，获取最好的增益的特征就是最好的选择。

9.3.3　决策树剪枝

决策树生成算法递归地产生决策树，直到不能继续下去为止，这样产生的树往往对训练数据的分类很准确，但对未知测试数据的分类却没有那么精确，即会出现过拟合现象。过拟合产生的原因在于在学习时过多地考虑如何提高对训练数据的正确分类，从而构建出过于复杂的决策树，解决方法是考虑决策树的复杂度，对已经生成的树进行简化。例如，园丁给树苗剪枝是为了让树形完好，**决策树剪枝则是通过主动去掉分支以降低过拟合的风险，提升模型的泛化性能。**

决策树的剪枝有两种思路：预剪枝（Pre-Pruning）和后剪枝（Post-Pruning）。

1. 预剪枝

在构造决策树的同时进行剪枝。所有决策树的构建方法，都是在无法进一步降低熵的情况下才会停止创建分支的过程，为了避免过拟合，可以设定一个阈值，熵减小的数量小于这个阈值，即使还可以继续降低熵，也停止继续创建分支。但是这种方法在实际工作中的效果并不好。

预剪枝的好处在于禁止欠佳结点的展开，在降低过拟合风险的同时显著减少了决策树的时间开销。但它也会导致"误伤"的后果，某些分支虽然在当前看起来没有用，在其基础上的后续划分却可能让泛化性能显著提升，预剪枝策略将这些深藏不露的结点移除，无疑会矫枉过正，带来欠拟合的风险。

2. 后剪枝

决策树构造完成后进行剪枝。剪枝的过程是对拥有同样父结点的一组结点进行检查，判断如果将其合并，熵的增加量是否小于某一阈值。如果确实小，则这一组结点可以合并一个结点，其中包含了所有可能的结果。后剪枝是目前最普遍的做法。

后剪枝的剪枝过程是删除一些子树，然后用其叶子结点代替，这个叶子结点所标识的类别通过大多数原则（Majority Class Criterion）确定。所谓大多数原则，是指在剪枝过程中，将一些子树删除而用叶结点代替，这个叶结点所标识的类别用这棵子树中大多数训练样本所属的类别来标识，所标识的类称为 majority class。

和预剪枝相比，后剪枝策略通常可以保留更多的分支，其欠拟合的风险较小。但由于需要逐一考察所有内部节点，因而其训练开销较大。

PPT：9.4 scikit-learn 中的决策树

9.4 scikit-learn 中的决策树

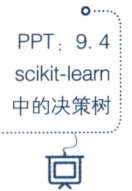

9.4.1 DecisionTreeRegressor 类

在 scikit-learn 中，回归决策树是由 sklearn.tree.DecisionTreeRegressor 类实现，其原型如下。

> DecisionTreeRegressor(criterion = 'mse', splitter = 'best', max_depth = None, min_samples_split = 2, min_samples_leaf = 1, min_weight_fraction_leaf = 0.0, max_features = None, random_state = None, max_leaf_nodes = None, min_impurity_decrease = 0.0, min_impurity_split = None, presort = False)

（1）模型参数

1）criterion：字符串，指定切分质量的评价准则。默认为'mse'，且只支持该字符串，表示均方误差。

2）splitter：字符串，指定切分原则。可以为：

● 'best'：表示选择最优的切分。

● 'random'：表示随机切分。

3）max_features：可以为整数、浮点数、字符串或者 None，指定寻找最优拆分时考虑的特征数量。

笔 记

● 如果是整数，则每次切分只考虑 max_features 个特征。

● 如果是浮点数，则每次切分只考虑 max_features $*$ n_features 个特征，max_features 指定了百分比。

● 如果是字符串'sqrt'，则 max_features 等于 sqrt(n_features)。

● 如果是字符串'log2'，则 max_features 等于 log2(n_features)。

● 如果是 None 或者 'auto'，则 max_features 等于 n_features。

4）max_depth：可以为整数或者 None，指定树的最大深度。

● 如果为 None，则表示树的深度不限。分裂子结点，直到每个叶子都是纯的（即叶结点中所有样本点都属于一个类），或者叶结点中包含小于 min_samples_split 个样点。

● 如果 max_leaf_nodes 参数不为 None，则忽略此选项。

5）min_samples_split：整数，指定每个内部结点包含的最少的样本数。

6）min_samples_leaf：整数，指定每个叶结点包含的最少的样本数。

7）min_weight_fraction_leaf：浮点数，叶结点中样本的最小权重系数。

8）max_leaf_nodes：整数或者 None，指定最大的叶结点数量。

笔 记

- 如果为 None，此时叶结点数量不限。
- 如果非 None，则 max_depth 被忽略。

9）min_impurity_split：这个值限制了决策树的增长，如果某节点的不纯度（基尼系数、信息增益、均方差、绝对差）小于这个阈值，则该节点不再生成子结点，即为叶子结点。

10）random_state：指定随机数种子。

11）presort：布尔值，指定是否要提前排序数据，从而加速寻找最优切分的过程。

- 对于大数据集，设置为 True，会减慢总体的训练过程。
- 对于小数据集或者设定了最大深度的情况下，设置为 True，会加速训练过程。

（2）模型属性

1）feature_importances_：给出特征的重要程度。该值越高，则该特征越重要。

2）max_features_：max_features 的推断值。

3）n_features_：当执行 fit 之后，特征的数量。

4）n_outputs_：当执行 fit 之后，输出的数量。

5）tree_：一个 Tree 对象，即底层的决策树。

（3）模型方法

1）fit(X, y[, sample_weight, check_input, …])：训练模型。

2）predict(X[, check_input])：用模型进行预测，返回预测值。

3）score(X, y[, sample_weight])：返回模型的预测性能得分。

9.4.2 DecisionTreeClassifie 类

在 scikit-learn 中，分类决策树是由 sklearn. tree. DecisionTreeClassifier 类实现，其原型如下。

```
sklearn. tree. DecisionTreeClassifier( criterion ='gini', splitter ='best', max_depth = None,
min_samples_split = 2, min_samples_leaf = 1, min_weight_fraction_leaf = 0. 0,
max_features = None, random_state = None, max_leaf_nodes = None, class_weight = None,
presort = False)
```

（1）模型参数

criterion：字符串，指定切分质量的评价准则。可以为：

- 'gini'：表示切分时评价准则是 Gini 系数。
- 'entropy'：表示切分时评价准则是熵。

其他参数参考 DecisionTreeRegressor。

（2）模型属性

1）classes_：分类的标签值。

2）n_classes_：给出分类的数量。

其他属性参考 DecisionTreeRegressor。

（3）模型方法

1）fit（X，y［，sample_weight，check_input，…］）：训练模型。

2）predict（X［，check_input］）：用模型进行预测，返回预测值。

3）predict_log_proba（X）：返回一个数组，数组的元素依次是 X 预测为各个类别的概率的对数值。

4）predict_proba（X）：返回一个数组，数组的元素依次是 X 预测为各个类别的概率值。

5）score（X,y［,sample_weight］）：返回模型的预测性能得分。

9.5　泰坦尼克号幸存者预测

PPT：9.5
泰坦尼克号
幸存者预测

9.5.1　数据集描述

下面通过决策树模型，预测泰坦尼克号中哪些人可能成为幸存者。泰坦尼克号数据集来自 Kaggle，可以从其官网上下载。数据集中包含两个 CSV 格式文件，其中，train.csv 是训练数据集，包含已标注的 891 个训练样本数据；test.csv 是模型要进行幸存者预测的数据。两个数据文件都包括乘客信息，如姓名、年龄、性别、船舱等级等属性。各属性定义如下：

1）PassengerId：乘客的 ID 号。

2）Survived：生存的标号，数值 1 表示这个人生存了下来；数值 0，则表示没有生存下来。

3）Pclass：船舱等级。

4）Name：名字。

5）Sex：性别。

6）Age：年龄。

7）SibSp：兄弟姐妹（有些人和兄弟姐妹一起上船的）。

8）Parch：父母和小孩。

9）Ticket：票的编号。

10）Fare：费用。

11）Cabin：舱号。

12）Embarked：登船港口。

9.5.2　加载数据

使用 pandas 读取 CSV 格式文件。

微课 9-3
泰坦尼克号
幸存者预测

笔 记

笔记

```
import pandas as pd

train_data = pd. read_csv(". /titanic/train. csv")
```

9.5.3　分析数据

1）使用 pandas 中的 info()方法查看数据表的基本信息：行数、列数、每列的数据类型、数据完整度。

```
print(train_data. info())
```

代码运行结果如下。

```
<class 'pandas. core. frame. DataFrame'>
RangeIndex：891 entries, 0 to 890
Data columns（total 12 columns）：
PassengerId      891 non-null int64
Survived         891 non-null int64
Pclass           891 non-null int64
Name             891 non-null object
Sex              891 non-null object
Age              714 non-null float64
SibSp            891 non-null int64
Parch            891 non-null int64
Ticket           891 non-null object
Fare             891 non-null float64
Cabin            204 non-null object
Embarked         889 non-null object
dtypes：float64(2), int64(5), object(5)
memory usage：83. 7+ KB
None
```

从运行结果可以看出，Age、Cabin 和 Embarked 这 3 个属性存在缺失值。

2）使用 describe()方法查看数据表的统计信息：总数、平均值、标准差、最小值、最大值等。

```
print(train_data. describe())
```

代码运行结果如下。

	PassengerId	Survived	Pclass	Age	SibSp	\
count	891.000000	891.000000	891.000000	714.000000	891.000000	
mean	446.000000	0.383838	2.308642	29.699118	0.523008	
std	257.353842	0.486592	0.836071	14.526497	1.102743	
min	1.000000	0.000000	1.000000	0.420000	0.000000	
25%	223.500000	0.000000	2.000000	20.125000	0.000000	
50%	446.000000	0.000000	3.000000	28.000000	0.000000	
75%	668.500000	1.000000	3.000000	38.000000	1.000000	
max	891.000000	1.000000	3.000000	80.000000	8.000000	

	Parch	Fare
count	891.000000	891.000000
mean	0.381594	32.204208
std	0.806057	49.693429
min	0.000000	0.000000
25%	0.000000	7.910400
50%	0.000000	14.454200
75%	0.000000	31.000000
max	6.000000	512.329200

9.5.4　数据预处理

笔记

1. 丢弃无用数据

观察数据可以发现，乘客的名字（Name）、票的编号（Ticket）这两个特征与幸存与否无关。同时，乘客所在的船舱号存在大量的缺失信息，而且也没有更多的数据来对船舱进行归类。所以可利用 pandas 的 drop()方法丢弃这些无用数据。

```
train_data. drop(['Name','Ticket','Cabin'], axis=1, inplace=True)
```

2. 数据类型转换

为了便于模型处理，需要把性别（Sex）数据转换为 0 和 1。

```
train_data['Sex'] = (train_data['Sex'] == 'Male'). astype('int')
```

登船港口（Embarked）数据需要转换为数值型。

笔记

```
labels = train_data['Embarked'].unique().tolist()
train_data['Embarked'] = train_data['Embarked'].apply(lambda n:labels.index(n))
```

3. 处理缺失数据

使用 fillna() 方法，对年龄（Age）的缺失数据，用平均值来补齐。

```
train_data['Age'].fillna(train_data['Age'].mean(), inplace=True)
```

9.5.5 划分数据集

提取 Survived 列作为标签，然后在原始数据集中将其丢弃。使用 train_test_split() 方法将数据集分成训练数据集和交叉验证数据集。

```
from sklearn.model_selection import train_test_split

y = train_data['Survived'].values
X = train_data.drop(['Survived'], axis = 1).values
X_train, X_test, y_train, y_test = train_test_split(X, y, test_size=0.2)
print(f"train datasets:{X_train.shape}; test datasets:{X_test.shape}")
```

代码运行结果如下。

```
train datasets:(712, 8); test datasets:(179, 8)
```

9.5.6 训练模型

使用 scikit-learn 决策树模型对数据进行训练。

```
from sklearn.tree import DecisionTreeClassifier

clf = DecisionTreeClassifier()
clf.fit(X_train, y_train)
train_score = clf.score(X_train, y_train)
test_score = clf.score(X_test, y_test)
print(f"train score:{train_score}; test score:{test_score}")
```

运行代码，显示结果如下。

```
train score:1.0; test score:0.7262569832402235
```

从输出数据中可以看出，针对训练样本得分很高，但对验证集得分较低，两者差距较大，这是明显的过拟合特征。根据前面的介绍，决策树中解决过拟合的方法就是剪枝。scikit-learn 中不支持后剪枝，但提供一系列的模型参数进行预剪枝，如 max_depth 和 min_impurity_split 参数。

9.5.7 优化模型参数

根据第 2 章的介绍，可以通过手动设置不同的 max_depth 和 min_impurity_split 参数值，寻找最优参数。本节采用 scikit-learn 提供的 sklearn. model_selection. GridSearchCV 类在多组参数之间进行网格化寻优。

```python
from sklearn. model_selection import GridSearchCV
import numpy as np

entropy_thresholds = np. linspace(0,1,50)
gini_thresholds = np. linspace(0,0.5,50)
#设置参数矩阵
param_grid = [{'criterion':['entropy'],'min_impurity_split':entropy_thresholds},

{'criterion':['gini'],'min_impurity_split':gini_thresholds},
            {'max_depth':range(2,10)},
            {'min_samples_split':range(2,30,2)}]
clf = GridSearchCV(DecisionTreeClassifier(),param_grid,cv=5)
clf. fit(X_train,y_train)
train_score = clf. score(X_train, y_train)
test_score = clf. score(X_test, y_test)
print(f" train score:{train_score}; test score:{test_score}")
print('best_param:{0} \nbest score:{1}'. format(clf. best_params_,clf. best_score_))
```

运行以上代码，结果如下。

```
train score:0.8455056179775281; test score:0.7206703910614525
best_param:{'criterion': 'gini', 'min_impurity_split': 0.3571428571428571}
best score:0.699438202247191
```

9.6 本章小结

本章主要介绍了决策树算法。决策树是包含根结点、内部结点和叶结点的树结构，通过判定不同属性的特征来解决分类问题。决策树的学习过程包括特征选择、决策树生成和决策树剪枝三个步骤。决策树生成的基础是特征选择，特征选择的指标包含信息增益、信息增益比和基尼系数。决策树的剪枝策略包含预剪枝和后剪枝，可以用交叉验证的剪枝来选择模型，从而提高泛化能力。决策树算法既可以处理离散值，也可以处理连续值，基本不需要预处理，也不需要提前归一化、处理缺失值，生成的决策树结果很直观，对于异常值的容错能力好、健壮性高。决策树会因为样本发生一点点的改动而导致结果变化，寻找最优的决策树是一个 NP 问题（非确定性多项式问题），容易陷入局部最优。

习题

文本：参考答案

1. 下列关于决策树算法说法中错误的是（   ）。

A. CART 算法选择基尼系数来选择属性

B. C4.5 算法不能用于处理不完整数据

C. C4.5 算法选择信息增益率来选择属性

D. ID3 算法选择信息增益最大的特征作为当前决策节点

2. C4.5 选择属性使用的是（   ）。

A. 信息熵

B. 交叉熵

C. 信息增益率

D. 信息增益

3. 决策树的代表算法有（   ）（多选题）。

A. C4.5

B. CART

C. CNN

D. ID3

4. 下列关于决策树的说法中正确的是（   ）（多选题）。

A. 不能处理连续型特征

B. CART 使用的是二叉树

C. 可作为分类算法，也可用于回归模型

D. 易于理解、可解释性强

笔记

第 10 章　K均值算法

根据训练样本中是否包含标签信息，机器学习可以分为监督学习（Supervised Learning）和无监督学习（Unsupervised Learning）。聚类算法是典型的无监督学习，其训练样本中只包含样本的特征，不包含样本的标签信息。在聚类算法中，利用样本的特征，将具有相似属性的样本划分到同一个类别中。K 均值（K-Means，也称为 K 平均）算法是一种广泛使用的聚类算法。K 均值算法是基于相似性的无监督的算法，通过比较样本之间的相似性，将较为相似的样本划分到同一个类别中。由于 K 均值算法简单、易于实现于特点，得到了广泛的应用，如在推荐引擎、文档聚类和图像分割等方面。

10.1　问题引入

有四名老师去郊区讲课，一开始老师们随意选了几个讲课点，并且把这几个讲课点的情况公告给了郊区所有的村民，于是每个村民到离自己家最近的讲课点去听课。听课之后，大家觉得距离太远了，于是每名老师统计了一下自己的课上所有的村民的地址，搬到了所有地址的中心地带，并且在海报上更新了自己的讲课点的位置。老师每一次移动不可能离所有人都更近，有的人发现 A 老师移动以后自己还不如去 B 老师处听课更近，于是每个村民又去了离自己最近的讲课点……就这样，老师每周更新自己的位置，村民根据自己的情况选择讲课点，最终稳定了下来。

可以看到老师的目的是让每个村民到其最近中心点的距离和最小。这种根据样本之间的距离或者说是相似性（亲疏性），把越相似、差异越小的样本聚成一类（簇），最后形成多个簇，使同一簇内部的样本相似度高，不同簇之间差异性高就是聚类思想。

PPT：10.1
问题引入

10.2   聚类

PPT：10.2
聚类

聚类分析也被称为集群分析，基于生活中物以类聚的思想，聚类是将数据分类到不同的类或者簇这样的一个过程，所以同一簇中的对象有很大的相似性，而不同簇间的对象有很大的相异性，是对某个样本或者指标进行分类多元统计分析的方法。

聚类与分类的区别在于，分类的类别是已知的，通过对已知分类的数据进行训练和学习，找到这些不同类的特征，再对未分类的数据进行分类，属于监督学习。而聚类事先不知道数据会分为几类，通过聚类分析将数据聚合成几个群体，不需要对数据进行训练和学习，属于无监督学习。

10.3   K 均值算法简介

PPT：10.3
K 均值算法
介绍

10.3.1   算法思路

K 均值是聚类算法的一种。其中 K 表示类别数，一般由人工来指定，或通过层次聚类（Hierarchical Clustering）的方法获得数据的类别数量作为选择 K 值的参考。选择较大的 K 可以降低数据的误差，但会增加过拟合的风险。

微课 10-1
K 均值算
法简介

K 均值的基本思想是根据随机给定的 K 个初始簇类中心，按照"距离最近"的原则将每条数据划分到最近的簇类中心，第一次迭代之后更新各个簇类中心，进行第二次的迭代，依旧按照"距离最近"原则进行数据归类，直到簇类不再改变，停止迭代。

K 均值算法思路如下：

1）指定 K 的值，即指定希望通过聚类得到分组个数。

2）从数据集中随机选取 K 个数据点作为初始质心。

3）对集合中每个样本点，计算与每个初始质心的距离，离哪个初始质心距离近，此样本点就属于哪类。

4）按距离对所有样本分完组之后，计算每个组的均值，作为新的质心。

10.3.2   数学原理

假设 K 个分组为 $c = \{c_1, c_2, \ldots c_k\}$，目标是最小化平方误差 E：

$$E = \sum_{i=1}^{k} \sum_{x \in c_i} \| x - \mu_i \|^2$$

其中，μ_i 是组 c_i 的均值向量，也就是质心。

μ_i 的表达式为

$$\mu_i = \frac{1}{|c_i|}\sum_{x \in c_i} x$$

如果直接求最小化平方误差 E 并不容易，这是一个 NP 问题，因此只能采用启发式的迭代方法。

10.3.3　图像描述

下面通过一组图来形象描述 K 均值算法采用的启发式迭代方法。图 10-1 中有 8 个点，想要应用 K 均值算法为这些点划分簇。下面将讲解具体操作步骤。

（1）选择簇的数目 K

K 均值算法的第一步是选择簇的数目 K，这里设置 $K=2$。

（2）从数据中选择 K 个随机点作为质心

为每个簇随机选择质心。因为我们想要有 2 个簇，所以随机选择 2 个质心（C1 和 C2），如图 10-2 所示。

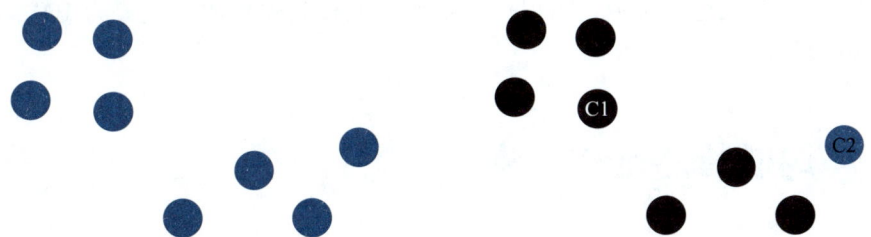

图 10-1　原始数据集示意图　　　　图 10-2　随机选择 2 个质心示意图

这里，C1 和 C2 圆圈代表这些簇的质心。

（3）将所有点分配给到某个质心距离最近的簇

一旦初始化了质心，就将每个点分配给到某个质心距离最近的簇，如图 10-3 所示。

在这里，可以看到更接近 C1 的点被分配给上方的簇，而更接近 C2 的点被分配给下方的簇。

（4）重新计算新形成的簇的质心

一旦将所有点分配到任一簇中，下一步就是计算每个簇的均值，新形成的簇的质心，如图 10-4 所示，图中的叉号是新的质心。

（5）重复步骤（3）和步骤（4）的操作。

划分簇结果如图 10-5 所示。计算质心并基于它们

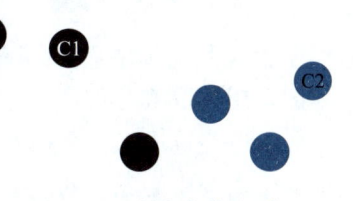

图 10-3　所有点分配到
最近质心示意图

与质心的距离将所有点分配给簇的步骤是单次迭代。但什么时候应该停止这个过程？它不能永远运行下去吧？停止 K 均值聚类的标准将在下节进行讲解。

笔　记

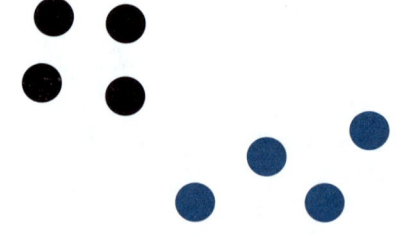

图 10-4   重新计算后新形成簇的质心示意图   图 10-5   划分簇结果示意图

10.3.4   停止 K 均值聚类的标准

可用于停止 K 均值算法的标准有以下 3 种:

1) 当新形成的簇的质心不会改变数据点保留在同一簇中达到最大迭代次数,如果新形成的簇的质心没有变化,就可以停止算法。即在多次迭代之后,所有簇都还是相同的质心,可以说该算法没有学习任何新模式,并且它是停止训练的标志。

2) 当在多次迭代训练之后,如果数据点仍然都在同一簇中,应该停止训练过程。

3) 如果达到最大迭代次数,可以停止训练。假设将迭代次数设置为 100,在停止之前,该过程将重复 100 次迭代。

10.4   K 均值算法优化

根据前文介绍,K 均值算法中 K 个聚类的初始值选择会直接影响需要迭代的次数,同时,数据量的大小将影响计算所有样本点到质心距离的时间。想要优化 K 均值算法的效率问题,可以从两个方面着手:一个是样本数量太大,另一个是迭代次数过多。Mini Batch K-Means 针对的是样本数量过多的情况,K-Means++ 则针对的是迭代次数。

下面通过某种方法降低收敛需要的迭代次数,从而达到快速收敛的目的。

1. K-Means++

原始 K 均值算法最开始随机选取数据集中 K 个点作为聚类中心,而 K-Means++ 按照如下的思想选取 K 个聚类中心:

假设已经选取了 n 个初始聚类中心 $(0 < n < K)$,则在选取第 $n+1$ 个聚类中心时:距离当前 n 个聚类中心越远的点会有更高的概率被选为第 $n+1$ 个聚类中心。在选取第一个聚类中心 $(n=1)$ 时同样通过随机的方法。这也符合我们的直觉:聚类中心当然是互相离得越远越好。这个改进虽然直观简单,但是却非常有效。

2. Mini Batch K-Means (适合大数据的聚类算法)

当样本量大于 1 万时,就需要考虑选用 Mini Batch K-Means 算法。顾名思义,Mini

Batch 也就是用样本集中的一部分样本来做传统的 K-Means，这样可以避免样本量太大时的计算难题，算法收敛速度大大加快。当然，此时的代价就是聚类的精确度也会有一些降低。一般来说，这个降低的幅度在可以接受的范围之内。

在 Mini Batch K-Means 中，我们会选择一个合适的批样本大小（batch size），仅用 batch size 个样本来做 K-Means 聚类。那么该 batch size 个样本如何得到的？一般是通过无放回的随机采样得到的。

为了增加算法的准确性，一般会多执行几次 Mini Batch K-Means 算法，用不同的随机采样集来得到聚类簇，选择其中最优的聚类簇。

10.5　scikit-learn 中的 K 均值

K-Means++和 Mini Batch K-Means 在 Scikit-Learn 中分别通过 sklearn. cluster. KMeans 类和 sklearn. cluster. MiniBatchKMeans 类实现。

1. sklearn. cluster. KMeans 类

scikit-learn 中 sklearn. cluster. KMeans 类原型如下。

sklearn. cluster. KMeans(n_clusters = 8, *, init ='k-means ++', n_init = 10, max_iter = 300, tol = 0. 0001, precompute_distances =' deprecated', verbose = 0, random_state = None, copy_x = True, n_jobs ='deprecated ', algorithm ='auto')

参数说明：

1）n_clusters：簇的个数，即想聚成几类。

2）init：初始簇中心的获取方法

3）n_init：获取初始簇中心的更迭次数，为了弥补初始质心的影响，算法默认初始 10 个质心，实现算法，然后返回最好的结果。

4）max_iter：最大迭代次数（因为 K-means 算法的实现需要迭代）。

5）tol：容忍度，即 K-means 运行准则收敛的条件。

6）precompute_distances：是否需要提前计算距离，这个参数会在空间和时间之间做权衡，如果是 True，会把整个距离矩阵都放到内存中，auto 会默认在数据样本 featurs * samples 的数量大于 12e6 时为 False，False 核心实现的方法是利用 Cpython 来实现的。

7）verbose：冗长模式。

8）random_state：随机生成簇中心的状态条件。

9）copy_x：对是否修改数据的一个标记，如果为 True，即复制了就不会修改数据。bool 在 scikit-learn 很多接口中都会有这个参数，就是是否对输入数据继续复制操作，以便不修改用户的输入数据。

PPT：10.5 scikit-learn 中的 K 均值

笔 记

10）n_jobs：并行设置。

11）algorithm：k-means 的实现算法有：'auto', 'full', 'elkan'，其中'full'表示用 EM 方式实现。

2. sklearn. cluster. MiniBatchKMeans 类

scikit-learn 中 sklearn. cluster. MiniBatchKMeans 类原型如下。

classsklearn. cluster. MiniBatchKMeans（n_clusters = 8，∗，init = 'k-means++'，max_iter = 100，batch_size = 100，verbose = 0，compute_labels = True，random_state = None，tol = 0. 0，max_no_improvement = 10，init_size = None，n_init = 3，reassignment_ratio = 0. 01）

其中参数参考 sklearn. cluster. KMeans 类。

10. 6   图像压缩

在彩色图像中，每种颜色都会有一个对应 RGB 值，如黑色是［0,0,0］，白色是［255,255,255］，所以在 RGB 模式下，最多可以区分 16777216（256^3）种颜色。

一张图片的大小与分辨率正相关，但其实也与图片颜色的复杂度是正相关的，在相同分辨率的情况下，一张纯色图片是比一张五彩斑斓的图片要小的。

一张分辨率为 100×100 的图片，其实就是由 10000 个 RGB 值组成。利用 K-Means 压缩图片，就是对于这 10000 个 RGB 值聚类成 K 个簇，然后使用每个簇内的质心点的 RGB 值来替换簇内所有的 RGB 值，这样在不改变分辨率的情况下使用的颜色减少了，图片大小也就减小了。

下面演示如何利用 K-Menas 算法对一张彩色图像进行压缩。

10. 6. 1   加载图片

利用 sklearn 中 load_sample_image（）方法加载 sklearn. datasets 包提供的 china. jpg 图片。

```
import matplotlib. pyplot as plt
from sklearn. datasets import load_sample_image

china = load_sample_image（'china. jpg'）
#获取图片压缩前的信息
print（'图像数据类型:', type（china））   #numpy. ndarray 类型
print（'图像的尺寸:', china. shape）   #显示尺寸
print（'图像的宽度:', china. shape［0］）   #图片宽度
print（'图像的高度:', china. shape［1］）   #图片高度
print（'图像的通道数:', china. shape［2］）   #图片通道数
```

```
print ('图像总像素个数:', china. size)    #显示总像素个数
print ('图像的最大像素值:', china. max( ))   #最大像素值
print ('图像的最小像素值:', china. min( ))   #最小像素值
print ('图像的像素平均值:', china. mean( )) #像素平均值
rows = china. shape[0]
cols = china. shape[1]
#显示原始图片
ax = plt. axes( xticks=[ ] ,yticks=[ ] )
ax. imshow( china)
```

运行以上代码，结果如下。

图像数据类型：<class 'numpy. ndarray'>

图像的尺寸：(427, 640, 3)

图像的宽度：427

图像的高度：640

图像的通道数：3

图像总像素个数：819840

图像的最大像素值：255

图像的最小像素值：0

图像的像素平均值：143. 70222726385637

Out[12]：

<matplotlib. image. AxesImage at 0x1d7b0b81348>

笔 记

原始图片如图 10-6 所示。

图 10-6　原始图片

10.6.2　数据预处理

对数据进行标准化处理。

```
data = china/255.0 #转换成 0~1 区间值
data = data.reshape(rows * cols, 3)
print(data.shape)
```

运行以上代码，结果如下。

```
(273280, 3)
```

10.6.3　构造聚类器

构造聚类器代码如下。

```
from sklearn.utils import shuffle

original_sample = shuffle(data, random_state=0)[:1000] #随机取 1000 个 RGB 值作
为训练集
def cluster(k):
    estimator = KMeans(n_clusters=k, n_jobs=8, random_state=0)#构造聚类器
    kmeans = estimator.fit(original_sample)#聚类
    return kmeans
```

10.6.4　压缩图片

分别设置 K 值为 32，64 和 128，利用 K-means 算法对图片进行压缩。

```
from sklearn.cluster import KMeans

kmeans = cluster(32)
kmeans.fit(data)
new_colors_32 = kmeans.cluster_centers_[kmeans.predict(data)]
kmeans_32 = new_colors_32.reshape(china.shape)

kmeans = cluster(64)
kmeans.fit(data)
new_colors_64 = kmeans.cluster_centers_[kmeans.predict(data)]
```

```
kmeans_64 = new_colors_64. reshape(china. shape)


kmeans = cluster(128)
kmeans. fit(data)
new_colors_128 = kmeans. cluster_centers_[kmeans. predict(data)]
kmeans_128 = new_colors_128. reshape(china. shape)
```

10.6.5　显示压缩图片

显示压缩图片代码如下。

```
from skimage import io


#画图并保存
plt. figure(figsize = (15,10))
plt. subplot(2,2,1)
plt. axis('off')
plt. title('Original image')
plt. imshow(china)
plt. subplot(2,2,2)
plt. axis('off')
plt. title('Quantized image (128 colors, K-Means)')
plt. imshow(kmeans_128)
io. imsave('kmeans_128. png',kmeans_128)
plt. subplot(2,2,3)
plt. axis('off')
plt. title('Quantized image (64 colors, K-Means)')
plt. imshow(kmeans_64)
io. imsave('kmeans_64. png',kmeans_64)
plt. subplot(2,2,4)
plt. axis('off')
plt. title('Quantized image (32 colors, K-Means)')
plt. imshow(kmeans_32)
io. imsave('kmeans_32. png',kmeans_32)
plt. show()
```

运行以上代码，结果如图 10-7 所示。

从结果可以看出，图片得到不同程度的压缩。

笔 记

图 10-7　原始图片和压缩后的图片

10.7　本章小结

本章主要讲解了无监督学习方法——聚类分析。聚类分析通过学习没有分类标记的训练样本发现数据的内在性质和规律，数据自己的相似性通常用距离度量，类内差异尽可能小，类间差异应尽可能大。K 均值算法是聚类分析的一种，算法原理简单、处理速度较快，当聚类是密集的，且类与类之间区别明显时，效果较好。在 K 均值算法中，K 是事先给定的，比较难确定，算法对孤立点比较敏感，噪声敏感（中心点易偏移），初始值的选定对结果有一定影响，结果不一定全局最优，只能保证局部最优（与 K 的个数及初选值有关）。

习题

文本：参考答案

1. 什么是聚类？聚类与分类的区别？
2. K 均值算法中每个类别中心的初始点如何选择？
3. K 均值算法的优点和缺点是什么？

第 11 章 人工神经网络基础

目前，深度学习（Deep Learning，DL）在算法领域中非常热门，现在不只是应用于互联网、人工智能领域，生活中的各大领域都能反映出深度学习引领的巨大变革。要学习深度学习，那么首先要熟悉神经网络（Neural Networks，NN）的一些基本概念。当然，本书所说的神经网络不是生物学的神经网络，将其称之为人工神经网络（Artificial Neural Networks，ANN）更为合理。神经网络最早是人工智能领域的一种算法或者模型，目前神经网络已经发展成为一类多学科交叉的学科领域，它也随着深度学习取得的进展重新受到重视和推崇。

11.1 人工神经网络定义

PPT：11.1
人工神经网络
定义

11.1.1 生物神经元结构

生物学中的神经元结构如图 11-1 所示，通常由细胞体、细胞核、树突和轴突等构成。树突用来接收其他神经元传导过来的信号，一个神经元有多个树突；细胞核是神经元中的核心模块，用来处理所有的传入信号；轴突是输出信号的单元，它有很多个轴突末梢，可以给其他神经元的树突传递信号。根据生物学知识可以知道，神经元有两种状态：兴奋和抑制。在一般情况下，大多数的神经元是处于抑制状态，但是一旦某个神经元受到刺激，导致它的细胞膜电位超过一个阈值，那么这个神经元就会被激活，处于"兴奋"状态，进而通过轴突向其他的神经元传播化学物质（信息）。

微课 11-1
人工神经网
络定义

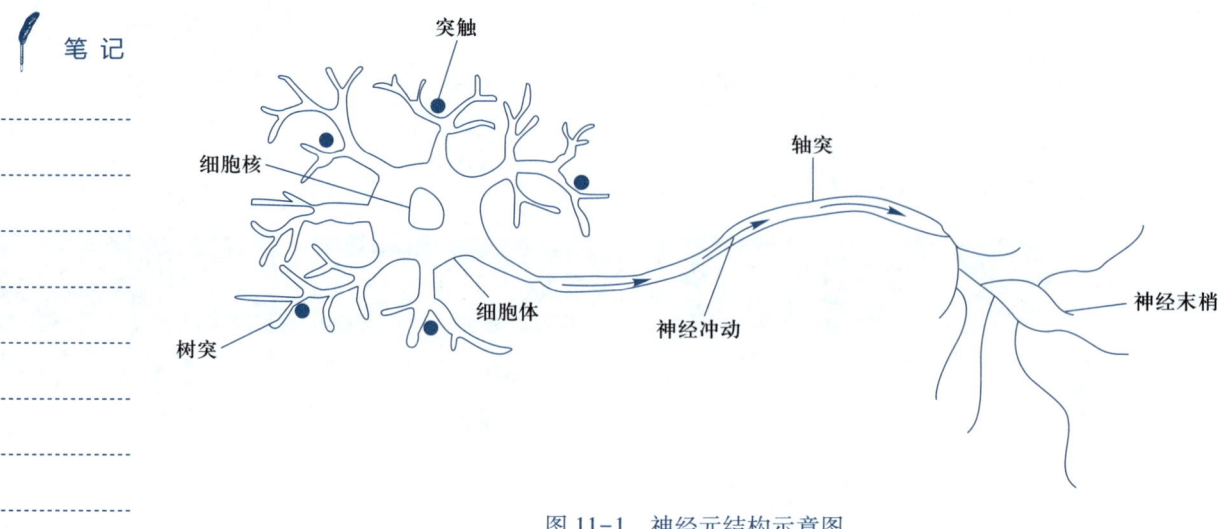

图 11-1   神经元结构示意图

11.1.2   以数学方式模仿神经元工作

1. M-P 神经元模型

1943 年，神经病学家和神经元解剖学家 W. S. McCulloch 与数学家 W. A. Pitts 在生物物理学期刊发表文章提出神经元的数学描述和结构，并且证明只要有足够的简单神经元，在这些神经元互相连接并同步运行的情况下，可以模拟任何计算函数，这种神经元的数学模型称为 M-P 神经元模型，如图 11-2 所示。

图中，$x_1, x_2, \ldots, x_n$ 为输入信号，类似于生物神经网络中的树突。$w_1, w_2, \ldots, w_n$ 分别为 $x_1, x_2, \ldots, x_n$ 的权值，它可以调节输入信号的大小，让输入信号变大（$w>0$）、不变（$w=0$）或者减小（$w<0$）。可以理解为生物神经网络中的信号作用，信号经过树突传递到细胞核的过程中会发生变化。w_0 在这里表示的是偏置（可理解为阈值的相反数），大小为 b。设置 x_0 为 1，表示将神经元接收到的总输入值 $\sum_{i=1}^{n} w_i x_i$ 与神经元的阈值进行比较，即为

$$\sum_{i=1}^{n} w_i x_i + b = \sum_{i=1}^{n} w_i x_i + (1 \times b) = \sum_{i=1}^{n} w_i x_i + w_0 x_0 = \sum_{i=0}^{n} w_i x_i$$

$f(x)$ 称为激活函数，可以理解为信号在轴突上进行的线性或非线性变化，如果神经元接收到的总输入值大于阈值，即 $\sum_{i=0}^{n} w_i x_i > 0$，就会通过激活函数处理产生神经元的输出 $\hat{y}$。最简单的激活函数是 $\mathrm{sign}(x)$。该函数的特点是当 $x>0$ 时，输出值为 1；当 $x=0$ 时，输出值为 0；当 $x<0$ 时，输出值为 -1。$\mathrm{sign}(x)$ 函数图像如图 11-3 所示。

生物神经元和 M-P 模型的类比见表 11-1。

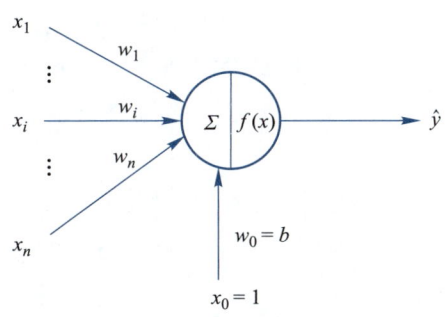

图 11-2 M-P 神经元模型

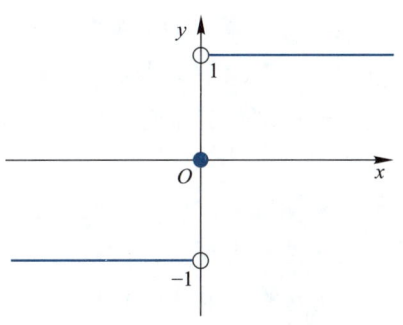

图 11-3 sign(x) 函数图像

表 11-1 生物神经元和 M-P 模型的类比

生物神经元	输入信号	权值	输出	膜电位	阈值
M-P 模型	x_i	w_i	$\hat{y}$	$\sum\limits_{i=1}^{n} w_i x_i$	$-b$

2. 单层感知机

计算机学家 Frank Rosenblatt 在 20 世纪 60 年代提出了一种模拟生物神经网络的人工神经网络结构，称为感知机（Perceptron）。顾名思义，单层感知机只有一层处理单元，位于输出层，输入层节点只负责引入外部信息，本身节点是没有信息处理能力的。输出层节点既具有信息处理的能力，又向外部输出处理信息。可见，单层感知机包含两层：输入层（又称为感知层）和输出层（又称为处理层）。输入层用于接收外界输入信号，输出层是 M-P 神经元。以一个 m 输入 n 输出（m 个输入节点 n 个输出节点）的单层感知机为例，其网络模型如图 11-4 所示。

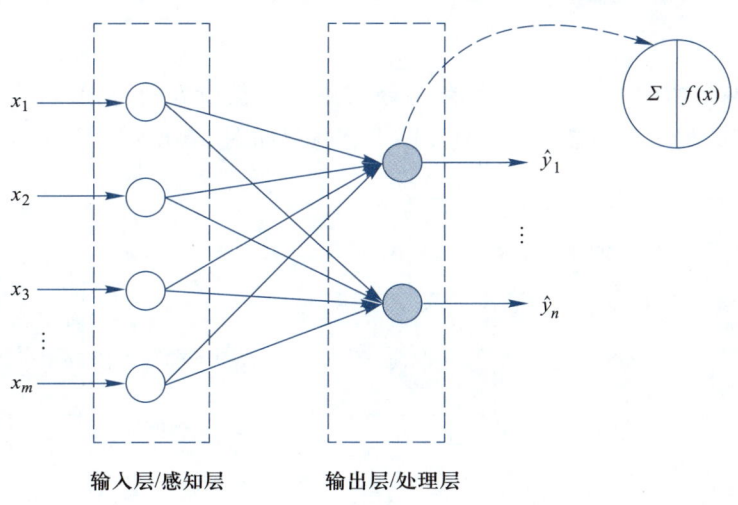

图 11-4 单层感知机结构图

笔 记

与 M-P 模型需要人为设定参数不同，感知机能够通过训练自动确定参数，也就是可以通过"学习"来获取参数。其训练方式是有监督学习，即需要设定训练样本和期望输出，然后通过调整实际输出和期望输出之差的方式（误差修正学习）来调整权值和偏置项等参数。

单层感知机由于只有一层功能神经元，所以学习能力非常有限。单层感知机是一种判别式的线性分类模型，可以解决与、或、非这样简单的线性可分（Linearly Separable）问题，但无法解决最简单的非线性可分问题——异或问题。

3. 多层感知机

日常生活中很多的问题都不是线性可分的，如果要解决非线性可分问题应该如何处理呢？这里要引出的"多层"的概念。既然单层感知机解决不了非线性问题，可以采用多层感知机。多层感知机通过在输入层和输出层之间增加隐藏层（因为不能在训练样本中观察到它们的值，所以称为隐藏层）实现，通常将多层感知机这样的多层结构称之为神经网络。多层感知机的结构如图 11-5 所示。

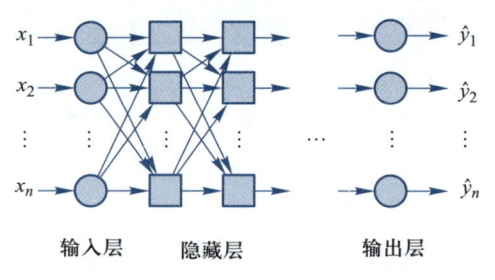

图 11-5   多层感知机结构图

多层感知机采用三层结构，由输入层、隐藏层（一个或多个）和输出层组成，与 M-P 神经元模型相同，隐藏层的神经元通过权重与输入层的各单元相连接，通过激活函数计算隐藏层的各单元的输出值。

11.2   人工神经网络训练过程

人工神经网络的训练过程就是不断更新权重 w 和偏置 b 的过程，直到找到稳定的 w 和 b，使得模型的整体误差最小。其具体的训练过程如图 11-6 所示。

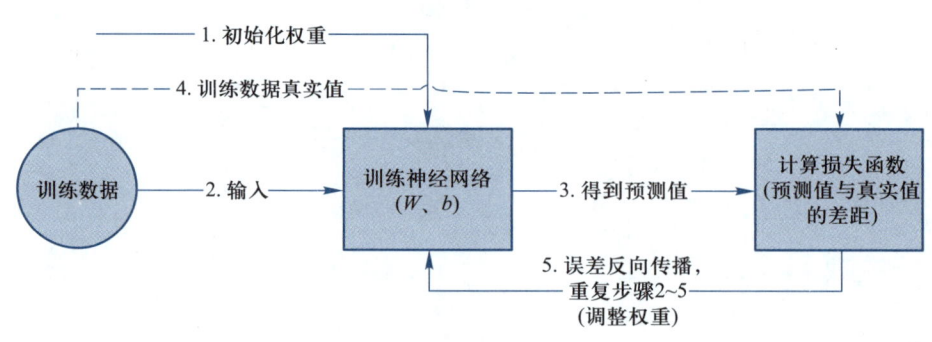

图 11-6   人工神经网络训练过程示意图

11.2.1 前向传播

前向传播，或称为正向传播，其实就是从数据的输入一层一层进行输入和输出的传递，直到得到最后一层的预测结果，然后计算损失值的过程。

1）从输入层开始，线性处理权重和偏置后，再经过一个激活函数非线性处理得到隐藏层 1 的输出。

2）将隐藏层 1 的输出作为隐藏层 2 的输入，继续线性处理权重和偏置，再经过一个激活函数非线性处理得到隐藏层 2 的输出。

3）以此类推，得到隐藏层 n 的输出。

4）通过输出处理，得到输出层的分类输出（预测值）。

5）在输出层，通过指定损失函数得到一个损失值（不同类型的问题对应不同的损失函数）。

这就是正向传播的过程。简而言之，神经网络正向传播的过程就是计算损失的过程。

11.2.2 损失函数

神经网络训练或者优化的过程就是最小化损失函数的过程（损失函数值小了，对应预测的结果和真实结果的值就越接近）。

人工神经网络中常见的损失函数有均方差损失函数和交叉熵损失函数。损失函数的选择取决于输入标签的数据类型。如果输入的是实数、无界的值，损失函数使用均方差；如果输入的标签是位矢量（分类标志），使用交叉熵比较合适。同时，当使用 sigmoid 作为激活函数时，常用交叉熵损失函数而不用均方差损失函数，因为它可以很好地解决平方损失函数权重更新过慢的问题，具有"误差大的时候，权重更新快；误差小的时候，权重更新慢"的良好性质。

11.2.3 反向传播

通过前向传播，可以发现预测值与真实值存在差距，计算出损失函数的大小，如何调整网络中权重值使得这种差距变小，直到达到预期效果。反向传播算法（Back Propagation，BP）是一种高效计算数据流图中梯度的技术，每一层的导数都是后一层的导数与前一层输出之积，这正是链式法则的奇妙之处，误差反向传播算法利用的正是这一特点。从网络的最后一层开始，利用损失函数向底层反向传播，并在这个过程中根据输出来调整权重。反向传播就是为了把误差传递给权重，局部求导，逐步发现每一个权重参数应该往哪个方向调整才能够减小损失。神经网络反向传播的过程就是参数优化的过程。

反向传播的过程如下：

笔记

1）正向传播得到损失值（即真实值与预测值的误差）。

2）计算损失函数相对于网络参数（权重和偏置）的梯度，也就是一次反向传播。

3）沿着梯度的方向更新参数。

11.2.4　Epoch，Batch/Batch_Size，Iteration

在训练模型时，如果训练数据过多，无法一次性将所有数据送入计算，那么就会遇到 Epoch，Batchsize，Iteration 这些概念。为了克服数据量多的问题，我们会选择将数据分成几个部分，即 Batch，进行训练，从而使得每个批次的数据量是可以负载的。将这些 Batch 的数据逐一送入计算训练，更新神经网络的权值，使得网络收敛。

（1）Epoch（时期）

当一个完整的数据集通过了神经网络一次并且返回了一次，这个过程称为一次 Epoch。一个 Epoch 就是将所有训练样本训练一次的过程（所有训练样本在神经网络中都进行了一次正向传播和一次反向传播）。

（2）Batch（批/一批样本）

当一个 Epoch 的样本（也就是所有的训练样本）数量可能太过庞大（对于计算机而言），就需要把它分成多个小块，也就是分成多个 Batch 来进行训练。

（3）Batch_Size（批大小）

每批样本的大小。

（4）Iteration（一次迭代）

训练一个 Batch 就是一次 Iteration。

例如，mnist 数据集有 60000 张图片作为训练数据，10000 张图片作为测试数据。假设现在选择 Batch_Size=100 对模型进行训练，迭代 30000 次。则：

每个 Epoch 要训练的图片数量：60000（训练集上的所有图像）

训练集具有的 Batch 个数：60000/100=600

每个 Epoch 需要完成的 Batch 个数：600

每个 Epoch 具有的 Iteration 个数：600（完成一个 Batch 训练，相当于参数迭代一次）

每个 Epoch 中发生模型权重更新的次数：600

训练 10 个 Epoch 后，模型权重更新的次数：600×10=6000

不同 Epoch 的训练，其实使用的是同一个训练集的数据。第 1 个 Epoch 和第 10 个 Epoch 虽然使用的都是训练集的 60000 图片，但是对模型的权重更新值却是完全不同的。因为不同 Epoch 的模型处于代价函数空间上的不同位置，模型的训练代越靠后，越接近谷底，其代价越小。

上例总共完成 30000 次迭代，相当于完成了 50 个 Epoch（300000/600）。

11.3　激活函数

PPT：11.3
激活函数

11.3.1　激活函数的作用

　　激活函数（Activation Function）是一种添加到人工神经网络中的函数，旨在帮助网络学习数据中的复杂模式。类似于人类大脑中基于神经元的模型，激活函数最终决定了要发射给下一个神经元的内容。引入激活函数是为了增加神经网络模型的非线性。如果不使用激活函数，每一层输出都是上层输入的线性函数，无论神经网络有多少层，输出都是输入的线性组合，这种情况就是最原始的感知机（Perceptron）。激活函数给神经元引入了非线性因素，使得神经网络可以任意逼近任何非线性函数，这样神经网络就可以应用到众多的非线性模型中。

微课 11-3
激活函数

11.3.2　常见激活函数

1. sigmoid 激活函数

sigmoid 函数又称 logistic 函数，用于隐层神经元输出，取值范围为（0，1），可以用来做二分类，其定义见第 5 章。

　　其导数为

$$\sigma'(x) = \sigma(x)(1-\sigma(x))$$

sigmoid 函数图像如图 11-7 所示。

笔记

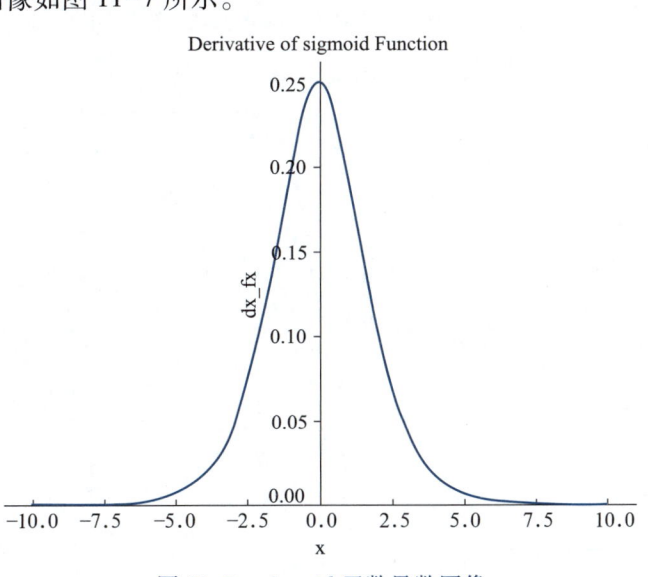

图 11-7　sigmoid 函数导数图像

sigmoid 激活函数的优点如下：

1）由于 sigmoid 函数的输出值限定在 0~1，因此它对每个神经元的输出进行了归一化。

2）用于将预测概率作为输出的模型。由于概率的取值范围是 0~1，因此 sigmoid 函数非常合适。

3）梯度平滑，避免"跳跃"的输出值。

4）函数是可微的。这意味着可以找到任意两个点的 sigmoid 曲线的斜率。

5）明确的预测，即非常接近 1 或 0。

sigmoid 激活函数的缺点如下：

1）sigmoid 函数在变量取绝对值非常大的正值或负值时会出现饱和现象，意味着函数会变得很平，并且对输入的微小改变会变得不敏感。

在反向传播时，当梯度接近于 0，权重基本不会更新，很容易就会出现梯度消失的情况，从而无法完成深层网络的训练。

2）sigmoid 函数的输出不是 0 均值的，会导致后层的神经元的输入是非 0 均值的信号，这会对梯度产生影响。

3）计算复杂度高，因为 sigmoid 函数是指数形式。

2. tanh/双曲正切激活函数

tanh 函数也称为双曲正切函数，取值范围为 $[-1,1]$。

tanh 函数定义如下：

$$f(x)=\tanh(x)=\frac{e^x-e^{-x}}{e^x+e^{-x}}$$

tanh 函数和 sigmoid 函数的曲线相对相似。tanh 函数图像如图 11-8 所示。

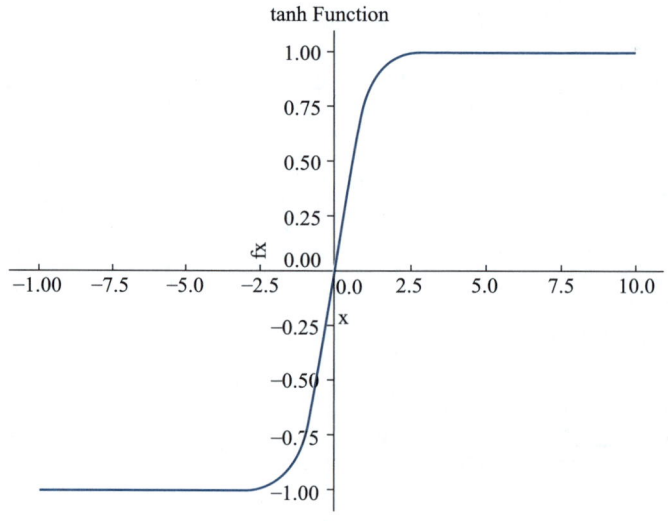

图 11-8　tanh 函数图像

它的导数为

$$f'(x) = 1 - \tanh^2(x)$$

tanh 函数导数图像如图 11-9 所示。

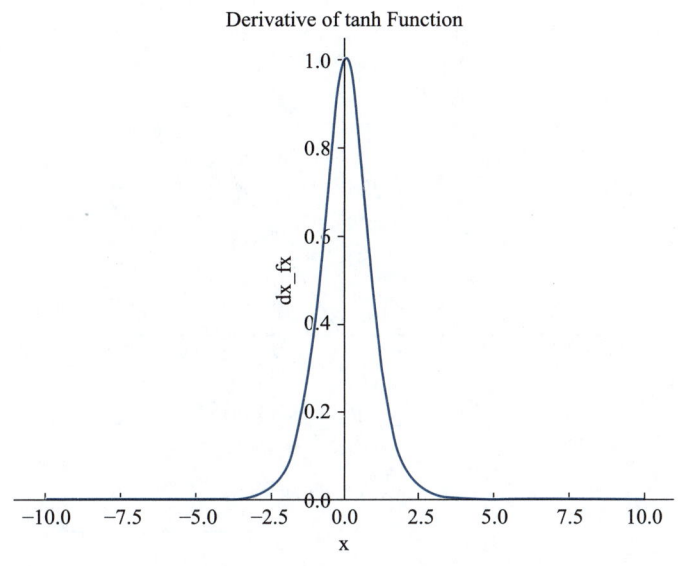

图 11-9 tanh 函数导数图像

tanh 函数是 0 均值的，因此实际应用中 tanh 会比 sigmoid 更好。但是仍然存在梯度消失与指数计算的问题。

3. ReLU 激活函数

整流线性单元（Rectified Linear Unit，ReLU）是现代神经网络中最常用的激活函数之一，大多数前馈神经网络默认使用的激活函数。

ReLU 函数定义如下：

$$f(x) = \mathrm{relu}(x) = \max(0, x)$$

ReLU 函数图像如图 11-10 所示。

其导数为

$$f'(x) = \begin{cases} 1, x > 0 \\ 0, x < 0 \end{cases}$$

ReLU 函数导数图像如图 11-11 所示。

ReLU 函数是深度学习中较为流行的一种激活函数，相比于 sigmoid 函数和 tanh 函数，它具有如下优缺点。

优点：

1）使用 ReLU 的 SGD 算法的收敛速度比 sigmoid 和 tanh 快。

笔 记

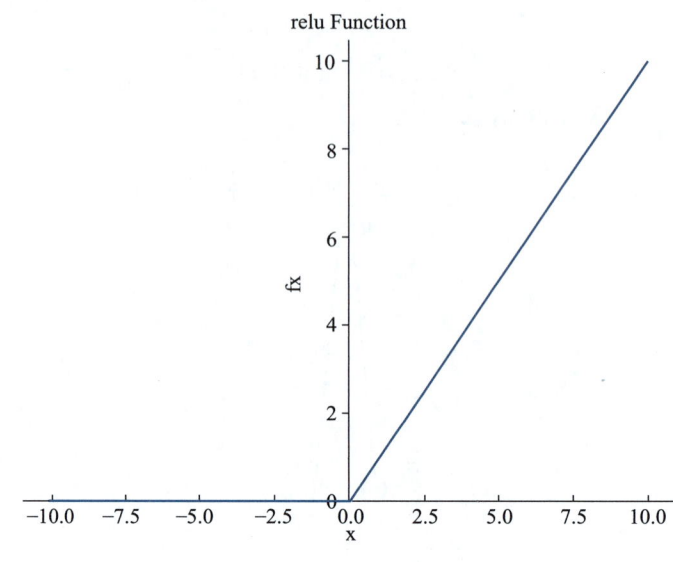

图 11-10　ReLU 函数图像

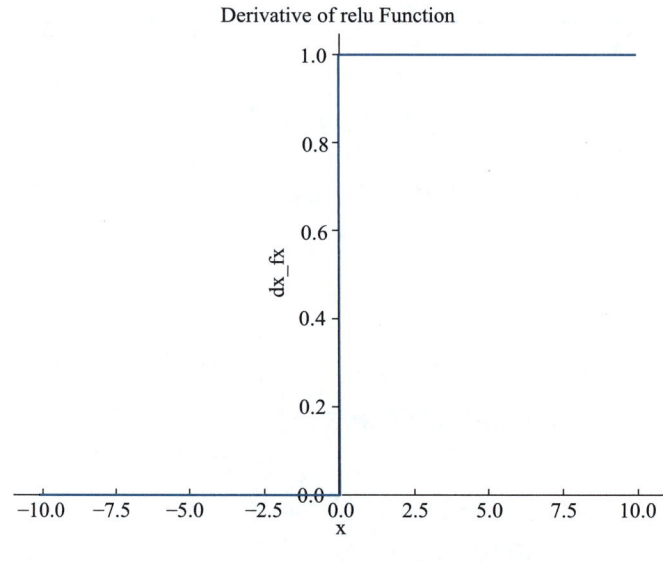

图 11-11　ReLU 函数导数图像

2）在 $x>0$ 区域上，不会出现梯度饱和、梯度消失的问题。

3）计算复杂度低，不需要进行指数运算，只需要一个阈值就可以得到激活值。

缺点：

1）ReLU 的输出不是 0 均值的。

2）Dead ReLU Problem（神经元坏死现象）：ReLU 在负数区域被 kill 的现象称为 dead relu。

ReLU 在训练的时很"脆弱"。

在 $x<0$ 时，梯度为 0。该神经元及之后的神经元梯度永远为 0，不再对任何数据有所响应，导致相应参数永远不会被更新。

4. Leaky ReLU 函数

它是一种专门用于解决 Dead ReLU 问题的激活函数。LeakyReLU 的定义为：

$$f(x) = \begin{cases} x, x \geqslant 0 \\ ax, x < 0 \end{cases}$$

其中，α 是大于 0 的浮点数标量。

Leaky ReLU 函数图像如图 11-12 所示。

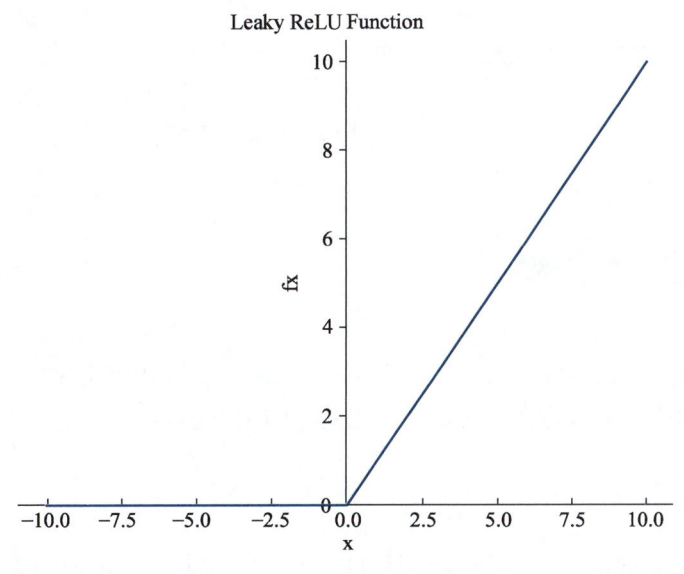

图 11-12　Leaky ReLU 函数图像

其导数为

$$f'(x) = \begin{cases} 1, x > 0 \\ a, x < 0 \end{cases}$$

Leaky ReLU 函数导数图像如图 11-13 所示。

Leaky ReLU 的优点如下：

1）Leaky ReLU 通过把 x 的非常小的线性分量给予负输入（0.01x）来调整负值的零梯度（Zero Gradients）问题。

2）有助于扩大 ReLU 函数的范围，通常 α 的值为 0.01 左右。

3）Leaky ReLU 的函数范围是（$-\infty$，$+\infty$）。

注：从理论上讲，Leaky ReLU 具有 ReLU 的所有优点，而且 Dead ReLU 不会有任何问题，但在实际操作中，尚未完全证明 Leaky ReLU 总是比 ReLU 更好。

笔 记

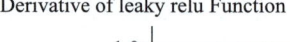
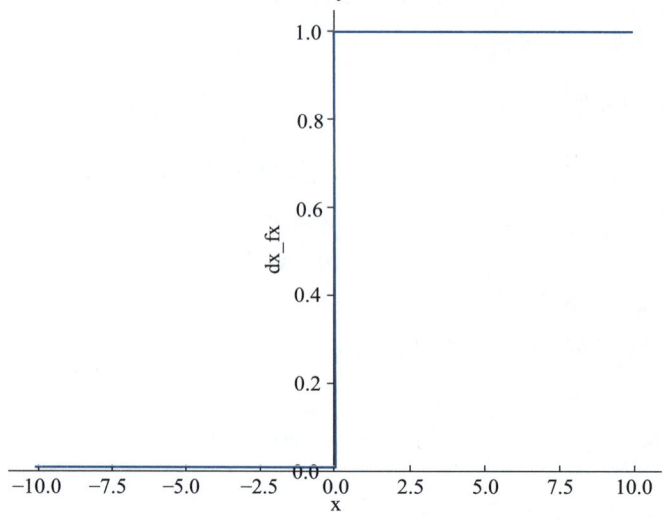

图 11-13 Leaky ReLU 函数导数图像

11.4 性能优化

过拟合问题在所有机器学习模型（包括神经网络）中都是性能优化过程中最为关键的问题。解决神经网络中的过拟合，除前面介绍的正则化方法外，还可以从以下方面展开。

11.4.1 数据增强

防止过拟合最有效的方法是增加训练集，训练集越大，过拟合概率就越小。但搜集数据（尤其是标注数据）是十分耗时且昂贵的。数据增强是一个省时且有效的方法。在图像领域，可以通过对图片进行旋转、缩放等操作增强数据集。同时，噪声注入也是数据增强常用方法。噪声注入的对象可以是输入层，也可以是隐藏层或输出层。

11.4.2 Dropout

Dropout 是一类通用并且计算简洁的正则化方法。简单来说，Dropout 就是在训练过程中随机丢弃的一部分神经元。这些被丢弃的神经元参数不会被更新。

假设图 11-14 是用来训练的原始神经网络。

图中一共有四个输入、一个输出。Dropout 则是在每个 Batch 的训练中随机丢弃一些神经元，可以设定每层 Dropout 的概率（丢弃神经元的多少），在设定之

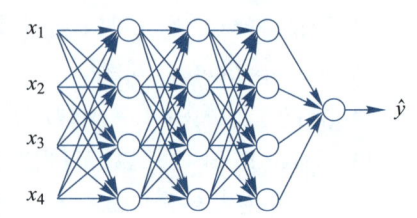

图 11-14 原始神经网络示意图

后，就可以得到第一个 Batch 进行训练的结果。

从图 11-15 中可以看到一些神经元之间断开了连接，因此它们被 Dropout 了。在进行第一个 Batch 的训练时，具体步骤如下：

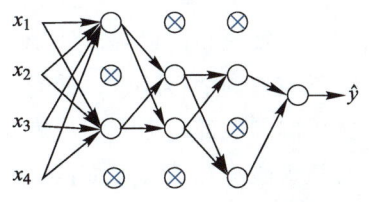

图 11-15　Dropout 示意图

1）设定每个神经网络层进行 Dropout 的概率。

2）根据相应的概率拿掉一部分的神经元，然后开始训练，更新没有被拿掉神经元以及权重的参数，将其保留。

3）参数全部更新之后，又重新根据相应的概率拿掉一部分神经元，然后开始训练。

注：在训练时采用 Dropout 是为了减少神经元对部分上层神经元的依赖，类似将多个不同网络结构的模型集成起来，减少过拟合的风险。而在测试时，应该用整个训练好的模型，因此不需要 Dropout。

11.4.3　批归一化

批归一化（Batch Normalization）有时也称为批标准化，是指将数据归一化的思想应用于神经网络内部，使得神经网络各层之间的中间特征的输入均符合标准正态分布。使用批归一化可以使网络中间层的输入数据分布变得均衡，因此可以得到更为稳定的网络训练效果。图 11-16 以 sigmoid 激活函数为例，简要说明批归一化的作用。

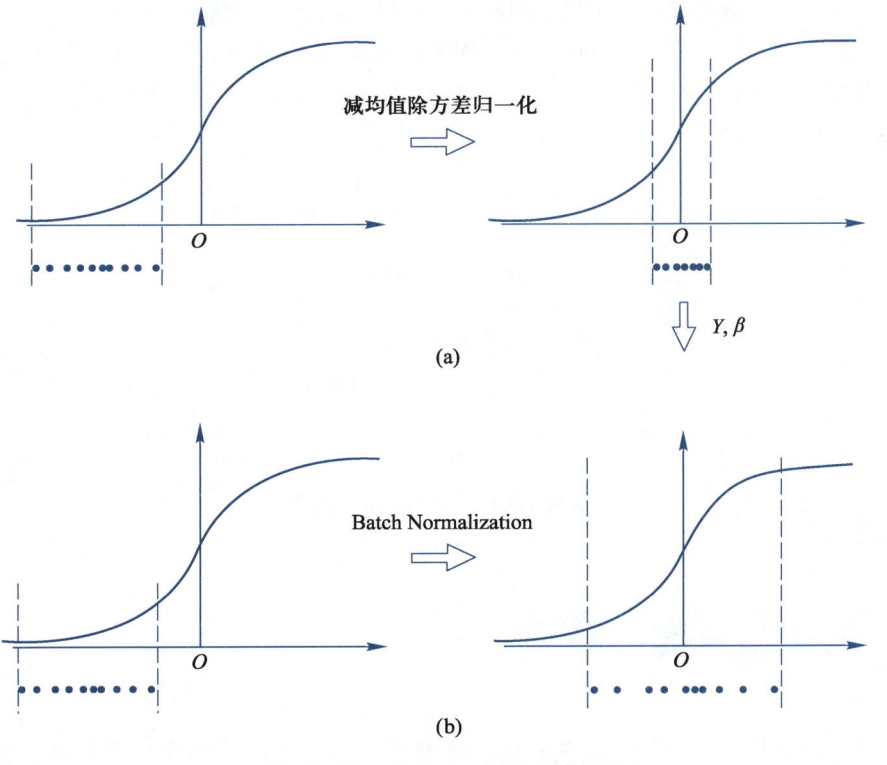

图 11-16　批归一化影响示意图

笔 记

笔 记

图 11-16（a）中的左图是没有经过任何处理的输入数据，曲线是 sigmoid 函数，如果数据在梯度很小的区域，那么学习就会很慢甚至陷入长时间的停滞。减均值除方差后，数据就被移到中心区域，如图 11-16（a）中的右图所示，对于大多数激活函数而言，这个区域的梯度都是最大的或者是有梯度的（如 ReLU），这可以看作是一种对抗梯度消失的有效手段。对于一层如此，如果对于每一层数据都那么操作，数据的分布总是在随着变化敏感的区域，相当于不用考虑数据分布变化，这样训练起来更有效率。换句话说，就是把数据从梯度较小的区域移到了梯度较大区域，这样模型收敛速度就加快了，这也是 sigmoid 激活函数被 ReLU 激活函数普遍替代的原因。

11.4.4　提前停止训练

提前停止训练（早停法，Early Stopping）是一种被广泛使用的方法，在很多案例上都比权重正则化要好。它是在训练中计算模型在验证集上的表现，当模型在验证集上的表现开始下降的时候，停止训练，这样就能避免继续训练导致过拟合的问题，其主要步骤如下。

1）将原始的训练数据集划分成训练集和验证集。

2）只在训练集上进行训练，并每隔一个周期计算模型在验证集上的误差。

3）当模型在验证集上权重的更新低于某个阈值，或预测的错误率低于某个阈值，或达到一定的迭代次数时，则停止训练。

4）使用上一次迭代结果中的参数作为模型的最终参数。

如图 11-17 所示，在某个 epoch 中，模型的验证误差逐渐上升，模型出现过拟合，所以需要提前停止训练，早停法主要是训练时间和泛化错误之间的权衡。不同的停止标准也会带来不同的效果。

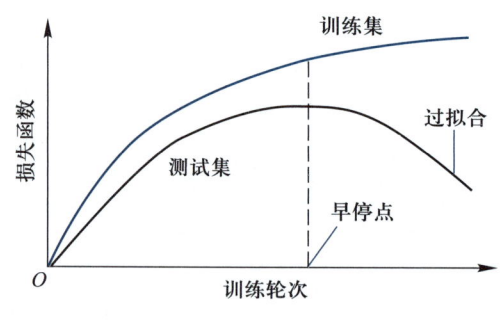

图 11-17　提前停止训练

11.5　鸢尾花分类

第 7 章利用 SVM 实现了鸢尾花分类，本章利用人工神经网络实现鸢尾花分类。

11. 5. 1　scikit-learn 中的神经网络模块

PPT：11.5
鸢尾花分类

微课 11-5
鸢尾花分类

scikit-learn 在 nerual_network 模块中实现了两个以多层感知机为基础的类：MLPClassifier 和 MLPRegressor，定义如下。

```
MLPClassifier (
    hidden_layer_sizes = (100, ),
    activation ='relu',
    *,
    solver ='adam',
    alpha =0. 0001,
    batch_size ='auto',
    learning_rate ='constant',
    learning_rate_init =0. 001,
    power_t =0. 5,
    max_iter =200,
    shuffle =True,
    random_state =None,
    tol =0. 0001,
    verbose =False,
    warm_start =False,
    momentum =0. 9,
    nesterovs_momentum =True,
    early_stopping =False,
    validation_fraction =0. 1,
    beta_1 =0. 9,
    beta_2 =0. 999,
    epsilon =1e-08,
    n_iter_no_change =10,
    max_fun =15000,
)

MLPRegressor (
    hidden_layer_sizes = (100, ),
    activation ='relu',
    *,
```

笔 记

笔 记

```
        solver ='adam',
        alpha =0.0001,
        batch_size ='auto',
        learning_rate ='constant',
        learning_rate_init =0.001,
        power_t =0.5,
        max_iter =200,
        shuffle =True,
        random_state =None,
        tol =0.0001,
        verbose =False,
        warm_start =False,
        momentum =0.9,
        nesterovs_momentum =True,
        early_stopping =False,
        validation_fraction =0.1,
        beta_1 =0.9,
        beta_2 =0.999,
        epsilon =1e-08,
        n_iter_no_change =10,
        max_fun =15000,
)
```

（1）主要参数

1）hidden_layer_sizes：每一层隐藏层神经元个数，默认值（100,）；元组中包含多少个元素，就表示设定多少隐藏层；元组中的第 i 个元素表示第 i 个隐藏层中的神经元数量。

2）activation：激活函数，默认为 relu 可选：identity logistic tanh relu。

3）solver：权重优化的解决方案。

● lbfgs。

● sgd 随机梯度下降法。

● adam。

4）alpha：L2 正则系数，默认为 0.0001。

5）batch_size：单词训练样本数量。

6）learning_rate：学习率。

7）learning_rate_init：初始学习率，当采用 sgd 和 adam 方法时使用。

8）momentum：动量，梯度下降更新的动量，为 0~1，仅在 solver ='sgd'时使用。

9）beta_1：学习率滑动衰减率，范围 0~1，默认 0.9。

（2）类的属性

1）loss_（float）：当前计算损失值。

2）coefs_（list）：length n_layers-1 存储权重。

3）intercepts_（list）：存储偏置 bias。

4）n_iter_（int）：当前优化步伐。

5）n_layers_（int）：网络层数。

6）n_outputs_（int）：输出个数。

7）out_activation_：输出激活函数。

（3）常用函数

1）fit（X,y）：装载数据。

2）get_params（[deep]）：获取参数。

3）predict（X）：预测。

11.5.2 利用 MLPClassifier 实现鸢尾花分类

1. 加载数据并划分数据集

加载数据并划分数据集的代码如下。

```
from sklearn. datasets import load_iris
from sklearn. model_selection import train_test_split

iris = load_iris()
train_X, test_X, train_y, test_y = train_test_split(iris['data'], iris['target'], random_state = 1)
```

笔 记

2. 建立神经网络模型

构建一个隐藏层为 10 个神经元的神经网络分类器。

```
from sklearn. neural_network import MLPClassifier as MLP

mlp = MLP(solver = 'lbfgs', random_state = 1, hidden_layer_sizes = [10], max_iter = 1000)
```

3. 训练模型

训练模型代码如下。

笔 记

```
mlp. fit( train_X, train_y)
print( "Accuracy on training set：{ :. 3f} ". format( mlp. score( train_X, train_y) ) )
print( "Accuracy on testing　set：{ :. 3f} ". format( mlp. score( test_X, test_y) ) )
```

运行代码，显示得分如下。

```
Accuracy on training set：0. 982
Accuracy on testing　set：1. 000
```

4. 调参

构建隐藏层个数分别为 1~50，每层神经元个数为 10 的神经网络分类器，代码如下。

```
import matplotlib. pyplot as plt
%matplotlib inline


hidden_lst_up = [ ]
train_score_up = [ ]
test_score_up = [ ]
h = [ 10]
for hidden in range( 51) ：
    mlp = MLP( solver = 'lbfgs', random_state = 1, hidden_layer_sizes = h, max_iter =
5000)
    mlp. fit( train_X, train_y)
    hidden_lst_up. append( hidden)
    train_score_up. append( mlp. score( train_X, train_y) )
    test_score_up. append( mlp. score( test_X, test_y) )
    h. append( 10)
plt. figure( figsize = ( 10, 5) )
plt. plot( hidden_lst_up, train_score_up, label = "train_score" )
plt. plot( hidden_lst_up, test_score_up, label = "test_score " )
plt. ylabel( "Accuracy" )
plt. xlabel( "hidden_num" )
plt. legend( )
print( "Max accuracy of train set：{0}, min accuracy：{1}, mean accuracy：{2} ". format
( max( train_score_up), min( train_score_up), \

np. mean( train_score_up) ) )
```

```
print("Max accuracy of test    set：{0}, min accuracy：{1}, meanaccuracy：{2}".format
(max(test_score_up), min(test_score_up),\

np.mean(test_score_up)))
```

运行代码，显示得分如下，模型训练效果如图 11-18 所示。

Max accuracy of train set：0.9910714285714286, min accuracy：0.36607142857142855, mean accuracy：0.6624649859943978

Max accuracy of test   set：1.0, min accuracy：0.23684210526315788, mean accuracy：0.6006191950464397

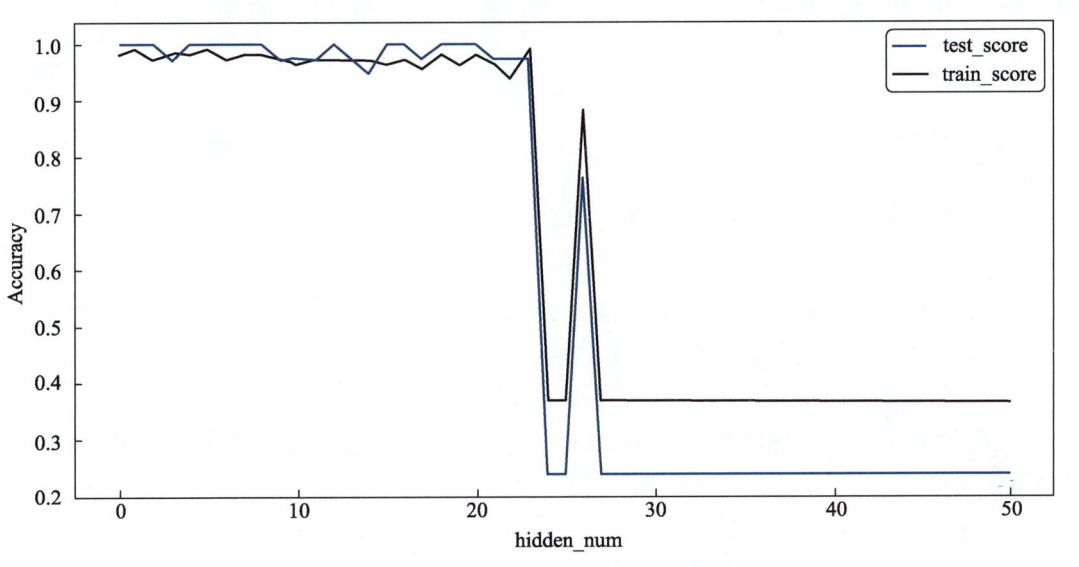

图 11-18   不同隐藏层的模型训练效果

可以看出，当隐藏层个数增大时，精度下降十分明显，但也有意外之处，当隐层个数为 26 时，精度异常好。

11.6   本章小结

本章从生物神经元结构引入 M-P 神经元模型，进而介绍了感知机和神经网络结构。通过前向传播和反向传播介绍了神经网络的训练过程，同时对常用激活函数和神经网络优化方法进行了简要介绍。

笔 记

习题

文本：参考答案

1. 以下关于感知器说法中错误的是（　　　）。

A. 感知器是最简单的前馈式人工神经网络

B. 可为感知器的输出值设置阈值，使其用于处理分类问题

C. 单层感知器可以用于处理非线性学习问题

D. 感知器中的偏置只改变决策边界的位置

2. 假定在神经网络中的隐藏层中使用激活函数 X。在特定神经元给定任意输入，会得到输出 -0.01。X 可能是以下（　　　）激活函数。

A. ReLU

B. tanh

C. sigmoid

D. 以上都有可能

3. 关于 BP 算法特点描述中错误的是（　　　）。

A. 计算之前不需要对训练数据进行归一化

B. 输入信号顺着输入层、隐层、输出层依次传播

C. 预测误差需逆向传播，顺序是输出层、隐层、输入层

D. 各个神经元根据预测误差对权值进行调整

4. 假如现在有一个神经网络，激活函数是 ReLU，若使用线性激活函数代替 ReLU，那么该神经网络（　　　）表征 XNOR 函数。

A. 可以

B. 不可以

5. 以下关于学习率说法中错误的是（　　　）。

A. 学习率太大会导致无法收敛

B. 学习率的选择不能太大也不能太小

C. 学习率太小会使得算法陷入局部极小点

D. 学习率必须是固定不变的

6. 神经网络算法有时会出现过拟合的情况，那么采取以下（　　　）方法解决过拟合更为可行。

A. 设置一个正则项减小模型的复杂度

B. 减少训练数据集中数据的数量

C. 增大学习的步长

D. 为参数选取多组初始值，分别训练，再选取一组作为最优值

笔 记

参考文献

[1] 王圣元. 快乐机器学习 [M]. 北京：电子工业出版社，2020.

[2] 雷明. 机器学习：原理、算法与应用 [M]. 北京：清华大学出版社，2019.

[3] 胡欢武. 机器学习基础：从入门到求职 [M]. 北京：电子工业出版社，2019.

[4] 黄莉婷，苏川集. 白话机器学习算法 [M]. 武传海，译. 北京：人民邮电出版
社，2019.

读者意见反馈

为收集对教材的意见建议，进一步完善教材编写并做好服务工作，读者可将对本教材的意见建议通过如下渠道反馈至我社。

咨询电话　400-810-0598
反馈邮箱　gjdzfwb@pub.hep.cn
通信地址　北京市朝阳区惠新东街 4 号富盛大厦 1 座
　　　　　　高等教育出版社总编辑办公室
邮政编码　100029

资源服务提示

授课教师如需获得本书配套的授课用 PPT、教学设计、案例源代码、习题答案等教学资源，请登录"高等教育出版社产品信息检索系统"（xuanshu.hep.com.cn）搜索下载。首次使用本系统的用户，请先进行注册并完成教师资格认证。